水利水电建筑工程高水平专业群工作手册式系列教材

土工技术综合实训

主　编　杨二静　李　忠　刘　翠
副主编　胡　涛
主　审　陶永霞

中国水利水电出版社
www.waterpub.com.cn
·北京·

内 容 提 要

本书是水利水电建筑工程高水平专业群工作手册式系列教材，是根据职业院校双高建设项目要求编写而成。全书共有三个学习项目，项目一为工作须知，包括课程概况、试验室管理规定、记录表填写规范；项目二为土工试验，包括含水率，密度，比重，颗粒分析，液、塑限，击实，相对密实度，渗透，直接剪切，固结和三轴压缩 11 个试验任务；项目三为检测报告整理，包括整理试验资料和分析试验成果两个任务。

本书可供高职高专水利水电建筑工程、水利水电工程技术、水利水电工程智能管理、水利工程等专业教学使用，也可供水利类相关专业工程技术人员学习参考。

图书在版编目（CIP）数据

土工技术综合实训 / 杨二静，李忠，刘翠主编. -- 北京 : 中国水利水电出版社，2022.5
水利水电建筑工程高水平专业群工作手册式系列教材
ISBN 978-7-5226-0800-6

Ⅰ. ①土… Ⅱ. ①杨… ②李… ③刘… Ⅲ. ①水利水电工程－土工学－高等职业教育－教材 Ⅳ. ①TU4

中国版本图书馆CIP数据核字(2022)第110096号

书　　名	水利水电建筑工程高水平专业群工作手册式系列教材 **土工技术综合实训** TUGONG JISHU ZONGHE SHIXUN
作　　者	主　编　杨二静　李　忠　刘　翠 副主编　胡　涛 主　审　陶永霞
出版发行	中国水利水电出版社 （北京市海淀区玉渊潭南路 1 号 D 座　100038） 网址：www.waterpub.com.cn E-mail：sales@mwr.gov.cn 电话：（010）68545888（营销中心）
经　　售	北京科水图书销售有限公司 电话：（010）68545874、63202643 全国各地新华书店和相关出版物销售网点
排　　版	中国水利水电出版社微机排版中心
印　　刷	清淞永业（天津）印刷有限公司
规　　格	184mm×260mm　16 开本　12.5 印张　304 千字
版　　次	2022 年 5 月第 1 版　2022 年 5 月第 1 次印刷
印　　数	0001—2500 册
定　　价	**48.00** 元

前言

本书是贯彻落实《国家职业教育改革实施方案》（国发〔2019〕4号）、《职业院校教材管理办法》（教材〔2019〕3号）、《职业教育提质培优行动计划（2020—2023年）》和《“十四五”职业教育规划教材建设实施方案》（教职成厅〔2021〕3号）等文件精神，编写的工作手册式教材。

本书基于土工试验检测工作岗位能力需求，分为工作须知、土工试验和检测报告整理三个项目，项目一工作须知主要介绍课程概况、试验室管理规定和记录表填写规范。项目二和项目三分别以小浪底大坝和真实的试验数据为载体，采用工作任务驱动，基于工作过程开发编写，附以微课、试验动画等立体化资源，以“思、学、做、创”结合的方式，启发引导学生规范地完成土工试验任务，并培养学生的创新能力，着力实现“注重实践，突出应用，注重规范，强调创新”。

本书由黄河水利职业技术学院杨二静担任第一主编，李忠、刘翠担任第二、三主编，陶永霞教授担任主审，中铁城投工程技术有限公司高级工程师胡涛担任副主编。本书具体编写及配套立体化资源制作分工如下：杨二静编写项目一、项目二的任务一～任务三、项目三的任务二，胡涛编写项目二的任务四～任务六、任务十一，刘翠编写项目二的任务七和任务八，李忠编写项目二的任务九和任务十，徐梓斐编写项目三的任务一；全书动画资源由杨二静设计制作，实操视频由江河工程检验检测有限公司高慧民、张晓英、刘艳、李广伟联合录制，微课由杨二静、胡涛、张敏和杨春景讲解录制。

本书在编写过程中，得到了云南云水工程技术检测有限公司杨秀馥、王连国两位土工试验老专家的中肯指导，以及张玉飞、李玉敏、张静静、杭林林、朱兴粉提出的宝贵建议；受到了江河工程检验检测有限公司邓伟杰的悉心指点，参考了不少相关资料、著作、论文，在此一并致以诚挚的谢意！

由于编者水平有限，书中难免存在疏漏和不足之处，恳请广大读者批评指正。

编者

2022年3月

数 字 资 源 索 引

续表

序号	数 字 资 源 名 称	页码
28	微课：液、塑限试验工程意义	78
29	微课：液、塑限试验方法原理	78
30	实操视频：液、塑限试验规范操作	80
31	微课：液、塑限试验数据处理	81
32	微课：击实试验工程意义	90
33	微课：击实试验方法原理	90
34	动画：击实试验土样制备	91
35	动画：击实试验规范操作	93
36	微课：击实试验数据处理	93
37	微课：相对密实度试验工程意义	102
38	微课：相对密实度试验方法原理	102
39	动画：最小干密度试验规范操作	104
40	动画：最大干密度试验规范操作	105
41	微课：相对密实度试验数据处理	106
42	微课：渗透试验工程意义	113
43	微课：渗透试验方法原理	113
44	动画：变水头渗透试验规范操作	116
45	微课：常水头渗透试验规范操作	118
46	微课：常水头渗透试验数据处理	119
47	微课：直剪试验工程意义	126
48	动画：直剪试验方法原理	126
49	动画：直剪试验规范操作	129
50	微课：直剪试验数据处理	129
51	微课：固结试验工程意义	135
52	微课：固结试验方法原理	135
53	动画：固结试验规范操作	137
54	微课：固结试验数据处理	138
55	动画：三轴试验土样制备	145
56	实操视频：三轴试验规范操作	146

目　录

项目一　工作须知

任务一　课　程　概　况

1. 课程性质

土工技术综合实训是水利水电建筑工程、水利水电工程技术等专业的基本技能实训课程，对接土工试验员工作岗位，重点培养土工试验检测能力和职业道德素养。

2. 课程目标

通过本课程的学习，学生应该达到如下目标：

微课：课程概况

（1）具有崇尚劳动、热爱劳动、辛勤劳动、诚实劳动的意识。

（2）具有实事求是、细致严谨、精益求精的工作态度。

（3）明确试验的工程意义。

（4）理解试验原理。

（5）掌握试验技术技能。

（6）能根据工程实际情况科学有序地组织试验开展。

（7）会分析试验结果。

（8）会出具试验报告。

思政案例：比萨斜塔警示

思政故事：对国家的忠与对父母的孝

3. 工作项目（任务）

本教材基于工作过程，按照由易到难，由浅入深的原则，划分为工作须知、土工试验和检测报告整理三部分，如图 1－1－1 所示。其中，项目二土工试验基于土工试验员职业岗位能力需求设计，引入《土工试验方法标准》（GB/T 50123—2019，简称《标准》）等规范，为学生毕业后从事土工试验检测工作打下坚实的基础。项目三检测报告整理主要考虑试验员终身职业能力发展需求，拓展培养学生试验资料整理的创新能力和试验成果的分析能力，为土工试验员岗位向土工试验室主任岗位的晋升打下基础。

4. 组织形式

本课程以土工试验检测能力培养为中心，注重实践，突出应用，强调创新。例如，项目二土工试验以小浪底大坝为载体、以坝体各分区土工材料检测任务为驱动，基于任务完成的工作过程开发编写，系统地介绍了试验的工程意义、试验目标、试验人员组织与分工、试验原理、试验工作计划、进度决策、规范操作方法和完成试验任务后的收获和反思，启发学生解决“做什么？为什么做？怎么做？怎么规范做？怎么创新做?”的问题，引导学生在解决问题的同时团队合作完成工作任务。

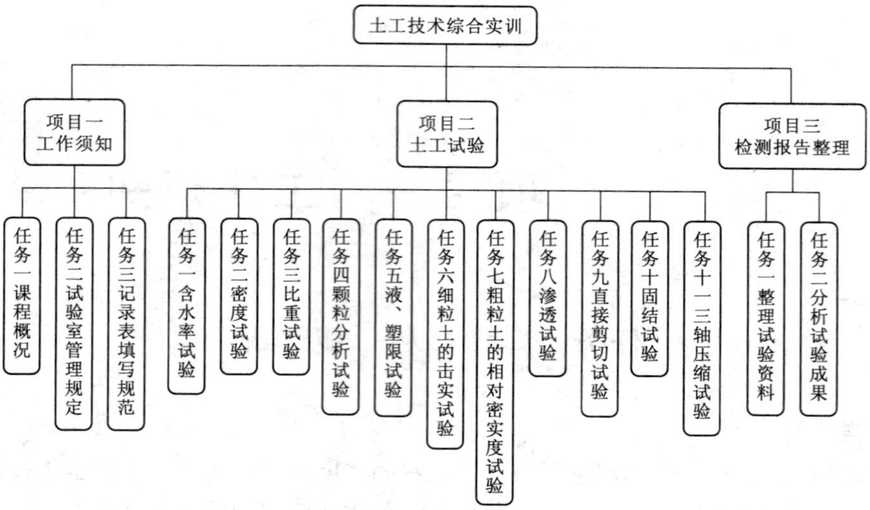

图 1-1-1　工作项目及任务组成

5. 进程安排

根据课程目标和工作任务特点，充分利用课前和课后时间，学习项目任务划分和建议学时如表 1-1-1。部分任务根据掌握情况分为中级水平和高级水平，如任务 2-4-1 密度计法，中级水平为完成任务 2-4-1，即仅需要用密度计法就能完成的颗粒分析任务，高级水平为完成含有黏土粒的砂砾土的颗粒分析，需要联合筛析法和密度计法才能完成。表中不带星号的任务为基本任务，带星号的任务为拓展任务，实训时间为一周的学生需要掌握基本任务，可根据自身情况挑战高级水平，或选择拓展任务；对土工试验技能要求高的专业的学生需要同时掌握拓展任务，建议达到高级水平。

表 1-1-1　　**学习情境设计表**

学习项目	学　习　任　务	基于工作任务选择的试验方法	建议学时
项目一	任务一　课程概况		课前自学
	任务二　试验室管理规定		
	任务三　记录表填写规范		
项目二	任务一　含水率试验	任务 2-1-1　烘干法-细粒土	1
		任务 2-1-2　烘干法-砂砾石*	1
		任务 2-1-3　酒精燃烧法*	2
	任务二　密度试验	任务 2-2-1　环刀法	1
		任务 2-2-2　灌砂法*	4
		任务 2-2-3　灌水法*	4
	任务三　比重试验	任务 2-3-1　比重瓶法联合浮称法	2
		任务 2-3-2　虹吸筒法	2
	任务四　颗粒分析试验	任务 2-4-1　密度计法	4 中级+2 高级
		任务 2-4-2　筛析法	2

续表

学习项目	学　习　任　务	基于工作任务选择的试验方法	建议学时
项目二	任务五　液、塑限试验	任务 2-5-1　液塑限联合测定法	2
	任务六　细粒土的击实试验	任务 2-6-1　轻型击实试验	2
	任务七　粗粒土的相对密实度试验	任务 2-7-1　振击法、漏斗法*	2
	任务八　渗透试验	任务 2-8-1　变水头	1
		任务 2-8-2　常水头*	2
	任务九　直接剪切试验	任务 2-9-1　快剪试验	2
	任务十　固结试验	任务 2-10-1　快速固结试验	2
	任务十一　三轴压缩试验	任务 2-11-1　不固结不排水剪	2 中级+4 高级
项目三	任务一　整理试验资料		2 中级+4 高级
	任务二　分析试验成果*		2
合计	基本任务 25（学时）+拓展任务 15 学时+高级水平 10 学时		

6. 成果要求

提交：《土工技术综合实训总结报告》1 份，不少于 2000 字，内附：试验记录表 11 套、数据处理图表 11 套、检测报告 3 份。

7. 考核评价（评价原则）

实训结束后，教师根据学生各个学习任务的完成情况进行评价，最终汇总形成本课程成绩，考核评价表见表 1-1-2。

表 1-1-2　　学生实训成绩汇总表

学号	姓名	项　目　二		项　目　三		总　评
		分值	（70%）	分值	（30%）	

8. 参考资料

(1)《土工试验方法标准》(GB/T 50123—2019)。

(2)《土的工程分类标准》(GB/T 50145—2007)。

(3)《碾压式土石坝设计规范》(SL 274—2020)。

(4)《建筑地基基础设计规范》(GB 50007—2011)。

(5)《水利水电工程地质勘察规范》(GB 50487—2008)。

(6)《岩土工程仪器基本参数及通用技术条件》(GB/T 15406—2007)。

(7)《土工试验仪器　环刀》(SL 370—2006)。

微课：试验室管理规定

任务二 试验室管理规定

试验室是进行检测分析、保存计量器具和出具试验资料的重要场所，未经管理员许可不得入内。进入试验室后要遵守以下规定。

（1）学生要在任课老师或试验室管理员带领下有秩序地进入室内，并在指定座位就座，室内要保持肃静，严禁喧闹。任课老师填写试验室使用记录表等台账作为记录。

（2）试验室内禁止随地吐痰、吸烟、吃东西。禁止将与检测工作无关的物品带入试验室，未经任课教师或试验室管理员许可禁止开启门窗。

（3）试验仪器、试剂和设备，未经老师允许不得随意动用。室内一切物品，未经教师允许，一律不得私自带出。

（4）每日上课对本室仪器设备、工具、水、电进行检查，如有异常情况，应立即采取措施。

（5）认真聆听教师讲解试验目的、步骤、仪器性能、试验操作方法和注意事项。

（6）试验人员在操作前应熟悉该项试验的操作步骤及注意事项，应避免一边试验一边查阅操作规程。

（7）爱护仪器设备，爱惜药品、材料，节约用水、用电。在试验中损坏仪器、器具应主动向老师报告。凡因不按规程操作而损坏的仪器均应赔偿；故意损坏仪器者，除照价赔偿外，还要视情节轻重，受到必要的处分。

（8）密度计等易碎或精密仪器，使用时必须轻拿轻放，按老师要求规范操作。

（9）凡试验用的药品试剂不准混合，不准撕毁标签，试验过程中不饮食，以免发生差错或意外事故，试验结束必须洗手。

（10）试验用的器械和削土刀，不许在人体上比试，只能在试验材料上按操作规程使用，用完擦洗干净，装入盒内。

（11）使用酒精等危险化学品时，均应严格遵守安全操作规程，杜绝事故的发生。

（12）共用仪器用后应立即放回原处，各组仪器未经老师许可，不得随意移动。

（13）试验时必须持严谨的科学态度，严格按照试验步骤进行操作。要仔细观察现象，如实做好记录，积极思考，分析试验结果，按规定写好试验报告。

（14）试验中碰到疑难问题，应向指导老师请教。

（15）严格遵守试验操作规程，切实注意安全；发生意外事故要及时报告任课教师或试验室管理员。

（16）废液、废纸、火柴梗及玻璃片等物应倒入指定容器内，不得将含酸、含碱等有害溶液倒入下水道。

（17）仪器设备的零部件要妥善保管，连接线、常用工具应排列整齐。

（18）在操作过程中，如发现仪器异常，应立即关机，并查明原因。

（19）试验完毕，应将所使用的仪器擦干净，配件放回原处，较精密的仪器应放入柜内或套上防尘罩。

（20）放学后，应打扫好室内卫生，摆放整齐桌椅，检查试验室水、电、门窗、通风橱等安全。经老师检查同意后，才能离开试验室。

任务三　记录表填写规范

微课：记录表填写规范

土工试验原始记录是检测活动、检测数据、检测结果等有关信息的直接记载，是第一手的原始资料，必须如实地记载，客观地反映，不允许失真、失实，严禁虚假与伪造。试验原始记录在试验检测中具有重要作用，表现在：①试验室检测活动的真实记载；②判断产品质量的第一手资料；③检测工作可复现可追溯的重要根据；④试验室编制检测报告的基础；⑤试验室执行技术标准、计量法规的体现；⑥试验室技术能力的表征；⑦试验室重要的质量体系文件（属技术记录）；⑧试验室重要的档案资料。

出于原始记录的重要作用，原始记录的填写必须遵循以下规定：

（1）记录表必须用黑色水笔填写（除需要复写外），字体端正，字迹清晰，不得乱涂乱画，不得撕毁。

（2）文字、数字书写要清晰可见。

（3）记录填写签名应亲自签名，不得简写更不能代签。签名时要注意写全名，不能仅写一个姓字或连写，字迹要工整，能被所有人认清。

（4）日期填写应横写，书写方式为：“×年×月×日”的形式，例如 2020 年 5 月 9 日。

（5）时间采用 24 小时制，格式为：××:××，例如零点记录为 00:00，而不是 24:00。

（6）当记录中无须填写数字、只须进行项目确认时，符合用“√”表示，不符合用“×”表示；存在多个备选项目时，在应选项目上用“√”表示。

（7）记录表格中不应有未填写的空项，如无内容可填时，应在该项中画一斜线“/”表示（除备注外），以证明已经关注到这一栏要求，只是无内容可填。当本次操作结束后，还有空余表格时用一对角斜线将下面空白划掉。

（8）记录填写必须及时，不得漏记、提前、滞后，内容必须真实、准确、完整。

（9）产品名称型号应写全称，不得简写。

（10）表格内容与上项（或左右）内容相同时，应重复写明，不能用“…”“同上”等类似词语表示。

（11）记录修改：当出现填写错误时，不能使用涂改液修改，应在填写内容上划一横杠，保证被更改内容清晰可辨，并在旁边填写正确内容，更改人应在更改处签名并注明日期，必要时需将变更原因记录在空白处。出现数字错误时还应该注意，应将整个数字划掉，而不是将数字中写错的位数划掉，如：欲将 30.56 改为 30.57 时，应~~30.56~~而不是 30.5~~6~~。

项目二　土工试验

任务一　含 水 率 试 验

一、工作任务

小浪底大坝为黏土斜心墙土石坝，横剖面如图 2-1-1 所示，坝体各区所采用的土石材料中有机质含量均小于 5%。图中①区为黏土斜心墙，拟采用给定黏土料填筑，已知该黏土料的最优含水率为 26%。请根据《标准》中含水率试验部分完成以下任务。

任务 2-1-1：根据《碾压式土石坝设计规范》(SL 274—2020)，黏性土的施工填筑含水率应根据土料性质、填筑部位、气候条件和施工机械等情况，控制在最优含水率的 -2%～+3%偏差范围以内。请测定料场心墙土料的含水率，进而判断料场土料是否满足上坝填筑的含水率要求。

任务 2-1-2：图中②A区为反滤料，粒径小于 60mm，采用分层填筑的方法施工，施工之后需要测定反滤料的含水率，再结合反滤料的密度、比重计算孔隙比，然后计算反滤料的相对密实度（相对密度），进而判断反滤料的施工质量。请测定反滤料的含水率。

任务 2-1-3：心墙采用分层填筑的方法施工，在每层心墙碾压施工之后，施工方需要快速自检碾压后土体的含水率和密度，进而判断碾压质量是否合格，请快速测定心墙碾压后土体的含水率。

微课：含水率试验工程意义

微课：含水率试验方法原理

二、工作目标

(1) 测定料场心墙黏土料的含水率。

(2) 测定反滤料施工后的含水率。

(3) 快速测定黏土心墙填筑后的含水率。

三、任务分组

表 2-1-1　　任 务 分 组 表

班　　级		组　　号	
姓　　名		学　　号	
组长姓名		指导老师	
任务分工	试　　验	计　　算	校　　核
负责人 1			
负责人 2			

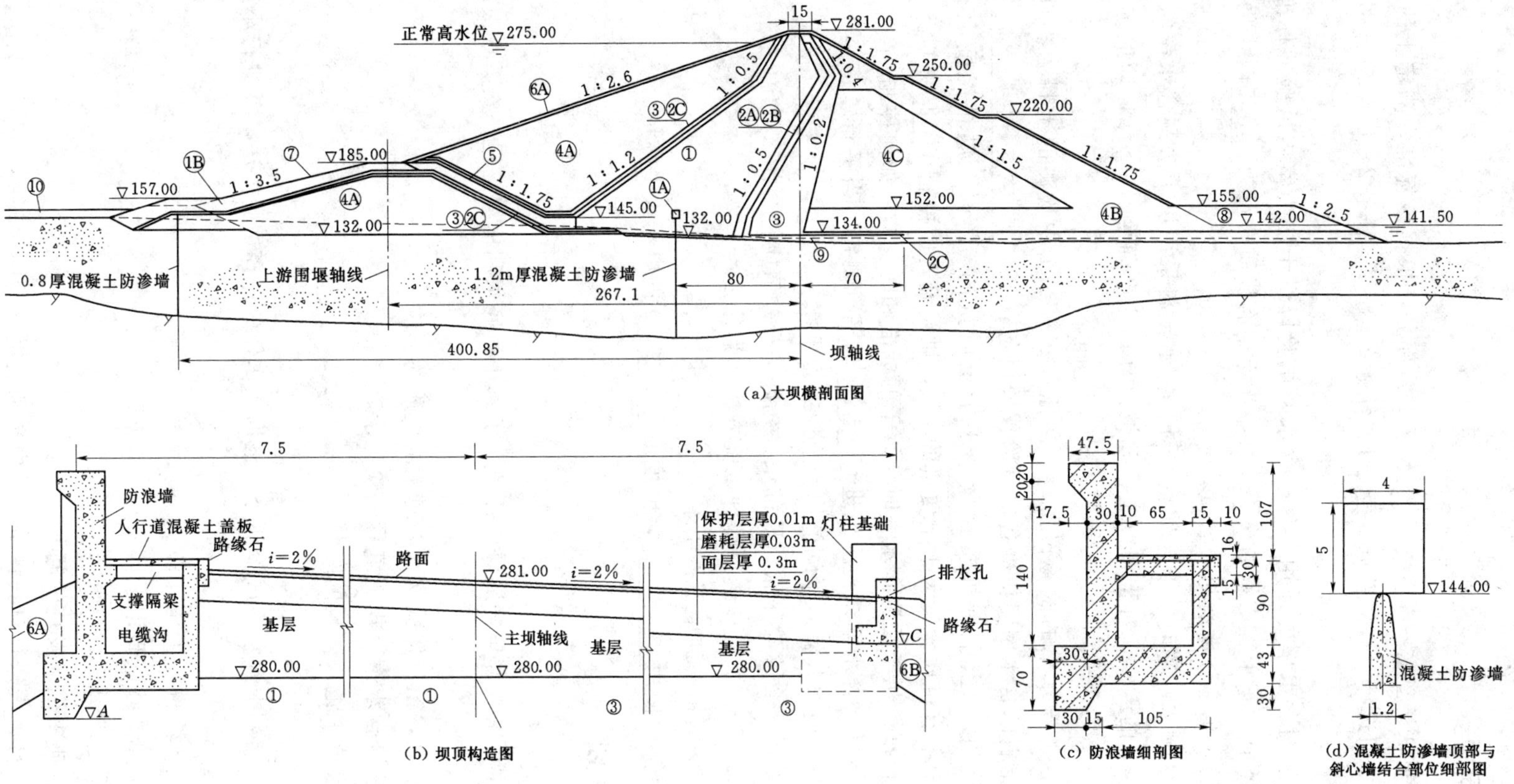

图 2-1-1　小浪底大坝横剖面图（单位：m）

①⑱—黏土；⑪—高塑性黏土；②A、②B、②C—反滤层；③—过滤料；④A、④B、④C—堆石；⑤—掺合料；⑥A、⑥B—护坡块石；⑦—堆石护坡；⑧—石渣；⑨—回填砂卵石；⑩—上游铺盖

四、引导问题

1. 选择试验方法。查看《标准》中含水率试验部分，根据该标准，测定土的含水率有哪些方法？该如何选择？针对任务 2-1-1、任务 2-1-2、任务 2-1-3 应分别采用哪种试验方法？

2. 明确烘干法测含水率的适用条件。含水率试验以烘干法为室内试验的标准方法。土的有机质含量不宜大于干土质量的______%，当土中有机质含量为______时，仍允许采用烘干法进行试验，但应注明有机质含量。

3. 确定烘干法测含水率时的取样数量。对于黏土土料采用烘干法测含水率时，烘干盒内需要取______g 的土样，对于细粒土、砂类土称量应准确至______g，即应选择称量 200g，分度值 0.01g 的天平。

4. 准备烘干法测含水率的试验仪器设备。任务 2-1-1 中检测的土料为黏性土料，用烘干法检测该土料的含水率时应准备的试验仪器设备有______________________。

5. 确定烘干温度。土中有机质含量小于干土质量的 5%时，烘箱温度应控制在______℃；若某土中有机质含量为干土质量的 7%，烘箱温度应控制在______℃。

6. 确定烘干标准。烘干法测含水率时，烘干的标准和时长应该如何控制？

7. 确定试验结果。含水率试验应该进行______次平行测定，当平行差值小于等于最大允许平行差值时，应取其算术平均值作为土样的含水率。

8. 明确试验误差。含水率平行试验的最大允许平行差值应符合什么规定？

9. 针对任务 2-1-3，应该选择哪种试验方法？为什么？

10. 酒精燃烧法酒精的纯度不得小于________。

11. 酒精燃烧法应使用________g、分度值________g 的电子天平称量。

五、工作计划

（一）课前

（1）根据学生课前任务单完成课前任务，了解小浪底水利枢纽工程，熟悉小浪底大坝坝体分区。

（2）用土做手工，亲身体验含水率对土的性质的影响。

（3）用烘干法测含水率，规范填写试验记录表。

（4）在活页宝典中记录发现的问题。

（二）课中

（1）阅读《标准》中含水率试验部分，根据工作任务选择试验方法，并进行小组任务分工。

（2）根据试验方法进行工作准备。

（3）进行试验并做好试验记录。

（4）进行数据处理。

（5）在活页宝典中记录发现的问题。

（6）填写学生自评表进行自我评价，并向老师反馈试验中发现的问题。

（三）课后

（1）用思维导图归纳总结含水率试验。

（2）记录试验中的创新想法。

六、进度决策

首先熟读《标准》中含水率试验部分，理解《标准》内容，结合工程情况充分讨论选对试验方法。然后规范操作完成试验，根据自评表逐项检查进行自评，及时反馈试验中发现的问题。最后总结归纳含水率试验，并用思维导图记录在活页宝典中。详细步骤及各步骤参考时间如下：

（1）试验阶段。阅读《标准》中含水率试验部分（10min）→根据工作任务选择试验方法（5min）→进行任务分工（5min）。

烘干法：工作准备（10min）→称量、记录盒质量（1min）→取土样（2min）→称量、记录盒加湿土质量（1min）→烘干（8h以上）→冷却（30min左右）→称量、记录盒加干土质量（1min）→数据处理（8min）。

酒精燃烧法：工作准备（10min）→称量、记录盒质量（1min）→取土样（2min）→称量、记录盒加湿土质量（1min）→酒精燃烧三次（15min）→盖盖儿冷却（6min左右）→称量盒加干土质量（1min）→数据处理（8min）。

（2）评价与反馈。自评（10min）→反馈（10min）。

（3）归纳和总结。活页宝典归纳总结（10min＋课下）。

七、工作实施

（一）任务2-1-1料场心墙黏土料含水率检测工作实施

根据《标准》中含水率试验部分，烘干法为含水率室内试验的标准方法，任务2-1-1为料场土料的含水率检测，时间比较充分，应优先采用含水率试验标准方法，即烘干法。

1. 工作准备

（1）仪器设备。

1）烘箱：对于有机质含量小于5%的土，烘干法要求在105～110℃下烘到恒量，所以需要准备温度能保持105～110℃的烘箱，如图2-1-2所示。

2）电子天平：任务2-1-1中需要检测的是心墙黏土料的含水率，心墙黏土料为细粒土，需要取代表性土样15～30g，需要天平称量200g，分度值0.01g，如图2-1-3所示。

图2-1-2　烘箱

图2-1-3　电子天平

3）干燥器：用于土样烘干后冷却，如图 2-1-4 所示。

4）称量盒：本试验需要进行两次平行试验。所以需要准备干净干燥的称量盒至少 2 个，注意盒身盒盖编号要一致，容量足够容纳 15～30g 土样，如图 2-1-5 所示。

图 2-1-4　干燥器

图 2-1-5　称量盒

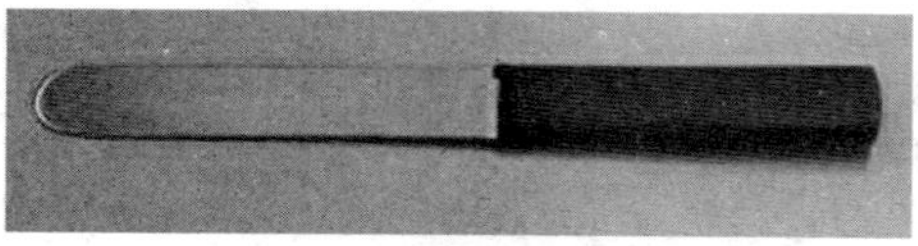

图 2-1-6　调土刀

5）调土刀：用于取土样，如图 2-1-6 所示。

（2）技术资料：①《标准》中含水率部分；②含水率试验记录表。

2. 开展试验

微课：烘干法规范操作

【步骤 1】 如实填写含水率试验记录表中的任务单号、试验日期、天平和烘箱编号等信息，开始做实验。

【步骤 2】 将天平放置在平整稳固的操作台面上，调平天平，通电备用。

【步骤 3】 取两个干净干燥的称量盒，称量、记录称量盒质量。

【步骤 4】 取 2 份有代表性试样 15～30g，分别放入两个称量盒内，立即盖好盒盖。

【步骤 5】 尽快称量、记录盒加湿土质量。

【步骤 6】 打开两个称量盒盒盖，将试样和盒放入烘箱，在 105～110℃下烘到恒量。烘干时间，不得少于 8h。

【步骤 7】 将烘干后的试样和盒取出，盖好盒盖放入干燥器内冷却至室温。

【步骤 8】 分别称量、记录盒加干土质量。

（二）任务 2-1-2 反滤料施工后含水率检测工作实施

根据《标准》含水率试验部分，烘干法为含水率室内试验的标准方法，任务 2-1-2 为反滤料施工后的含水率检测，目的是进一步检测反滤料的施工质量，应优先采用含水率试验标准方法，即烘干法。

1. 工作准备

（1）仪器设备。

1）烘箱：对于有机质含量小于 5%的土，烘干法要求在 105～110℃下烘到恒量，所以需要准备温度能保持 105～110℃的烘箱，如图 2-1-2 所示。

2）电子台秤：任务 2-1-2 中需要检测的是反滤料的含水率，反滤料为砂砾石，需要取代表性试样 2～5kg，需要电子台秤称量 5000g，分度值 1g，如图 2-1-7 所示。

3）干燥器：用于土样烘干后冷却，干燥器尺寸要与盛放 2～5kg 反滤料的容器相适应，如图 2-1-4 所示。

4）耐高温容器：用于盛放反滤料土料，本试验需要进行两次平行试验。所以需要准备两个干净干燥的耐高温容器。任务 2-1-2 中需要检测的是反滤料的含水率，反滤料是粒径小于 60mm 的砂砾石，砂砾石采用烘干法测含水率时，需要取代表性试样 2～5kg，所以需要准备足够容纳 2～5kg 砂砾石的耐高温容器 2 个，容器要能容许摊开土样，以便于土样快速烘干，并能与干燥器尺寸相适应。如不锈钢托盘，如图 2-1-8 所示。

图 2-1-7　电子台秤

图 2-1-8　不锈钢托盘

（2）技术资料：①《标准》；②含水率试验记录表。

2. 开展试验

【步骤 1】 如实填写含水率试验记录表中的任务单号、试验日期、天平和烘箱编号等信息，开始做实验。

【步骤 2】 将天平放置在平整稳固的操作台面上，调平天平，通电备用。

【步骤 3】 取两个干净干燥带编号的不锈钢托盘（或其他耐高温容器），称量、记录托盘质量。

【步骤 4】 取 1 份有代表性试样 2～5kg，平铺在不锈钢托盘内，立即称量、记录托盘加湿土质量。

【步骤 5】 另取 1 份有代表性试样 2～5kg，平铺在另一个不锈钢托盘内，立即称量、记录托盘加湿土质量。

【步骤 6】 将托盘和试样一起放入烘箱，在 105～110℃下烘到恒量。烘干时间，不得少于 6h。

【步骤 7】 将烘干后的托盘和试样取出，放入干燥器内冷却至室温（一般为 0.5～1.0h）。

【步骤 8】 分别称量、记录托盘加干土质量。

（三）任务 2-1-3 黏土心墙填筑含水率快速检测工作实施

根据《标准》含水率试验部分，在野外当无烘箱设备或要求快速测定含水率时，可用酒精燃烧法测定细粒土含水率，本任务为细粒土含水率快速检测，故采用酒精燃

图 2-1-9　酒精

烧法。

1. 工作准备

（1）仪器设备。

1）电子天平：任务 2-1-3 中需要检测的是心墙黏土料的含水率，心墙黏土料为黏土，黏土样采用酒精燃烧法测含水率时，需要取代表性土样 5～10g，需要天平称量 200g，分度值 0.01g，如图 2-1-3 所示。

2）酒精：纯度不得小于 95%，如图 2-1-9 所示。

3）滴管：用于滴取酒精，如图 2-1-10 所示。

4）火柴：点燃酒精，如图 2-1-11 所示。

5）取土铲：用于取土样，如图 2-1-12 所示。

微课：酒精燃烧法规范操作

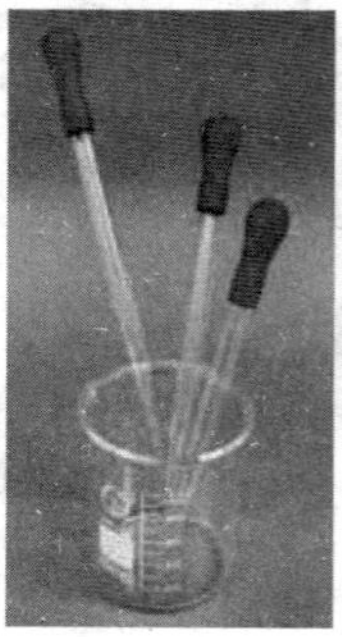

图 2-1-10　滴管

图 2-1-11　火柴

图 2-1-12　取土铲

6）称量盒：本试验需要进行两次平行试验，所以需要准备干净干燥的称量盒至少 2 个，注意盒身盒盖编号要一致，称量盒容纳 5～10g 土样之后还有一半剩余，以便于操作酒精燃烧。

（2）技术资料：①《标准》中含水率部分；②含水率试验记录表。

2. 开展试验

如实填写含水率记录表中的任务单号、试验日期等信息，开始做试验。

【步骤 1】 将天平放置在平整稳固的操作台面上，调平天平，通电备用。

【步骤 2】 取两个干净干燥带编号的称量盒，称量、记录称量盒质量。

【步骤 3】 取 2 份有代表性试样 5～10g，分别放入两个称量盒内，立即盖好盒盖。

【步骤 4】 尽快称量、记录盒加湿土质量。

【步骤 5】 用滴管将酒精注入放有试样的称量盒中，直至盒中出现自由液面为止。为使酒精在试样中充分混合均匀，可将盒底在桌面上轻轻敲击。

【步骤 6】 点燃盒中酒精，烧至火焰熄灭。

【步骤 7】 再按上述【步骤 5】、【步骤 6】的规定重复燃烧两次。

【步骤 8】 当第 3 次火焰熄灭后，立即盖好盒盖，称量、记录盒加干土质量。

（四）试验成果整理

（1）计算含水率。根据《标准》含水率部分第 5.2.3 条计算含水率。

（2）确定试验结论。本试验应进行两次平行测定，取其算术平均值，最大允许平行差值应符合《标准》中表 5.2.4 的规定。

八、评价反馈

微课：含水率试验数据处理

1. 你认为含水率试验的难点是什么？
2. 你认为含水率试验中哪些地方可以改进？
3. 你是否掌握了含水率试验检测技能呢？请根据表 2-1-2 进行自我评价。

表 2-1-2　　含水率试验学生自评表

班　级		姓　名		学号	
学习任务	含水率试验				
打分类别	考核要点		分值	得分	备注
常规计分项目	（1）会根据工程需要选择含水率检测方法		15		
	（2）天平等试验仪器选用正确，使用规范		20		
	（3）试验操作准确到位，仪器摆放条理规范		25		
	（4）记录表记录规范、干净整洁		15		
	（5）数据处理正确，含水率检测结论准确		15		
	（6）团队配合默契，能展示团队力量		10		
附加分	试验仪器工具等有创新点		20		
	数据处理有创新		10		
	试验精益求精，具有工匠精神		20		
扣分	一旦发现试验中篡改伪造数据本项目 0 分计		−100		
	不能将组内负责任务完成		−30		
总　计					

九、相关知识点

（一）试验方法的选择

烘干法是室内含水率试验的标准方法。标准方法一般是要较长时间才能测定含水率，效率低。在填方和土坝等施工质量管理中，常常要求很快得出填土的含水率，此时，可采用酒精燃烧法快速测定含水率。

（二）有机质含量的影响

对含有机质的土，由于在 105～110℃下经长时间烘干后，有机质特别是腐殖酸会在烘干过程中逐渐分解而不断损失，使测得的含水率比实际的含水率大，土中有机质含量越高误差就越大。故烘干法适用于有机质含量不大于干土质量 5%的土。当土中有机质含量在 5%～10%之间，仍允许采用烘干法进行试验，但需注明有机质含量，以作参考。

《土工试验方法标准》(GB/T 50123—2019）节选如下。

5　含水率试验

5.1　一般规定

5.1.1　本试验以烘干法为室内试验的标准方法。在野外当无烘箱设备或要求快速测定含水率时，可用酒精燃烧法测定细粒土含水率。

5.1.2　土的有机质含量不宜大于干土质量的5%，当土中有机质含量为5%～10%时，仍允许采用本标准进行试验，但应注明有机质含量。

5.2　烘干法

5.2.1　本试验所用的仪器设备应符合下列规定：

1　烘箱：可采用电热烘箱或温度能保持105℃～110℃的其他能源烘箱；

2　电子天平：称量200g，分度值0.01g；

3　电子台秤：称量5000g，分度值1g；

4　其他：干燥器、称量盒。

5.2.2　烘干法试验应按下列步骤进行：

1　取有代表性试样：细粒土15g～30g，砂类土50g～100g，砂砾石2kg～5kg。将试样放入称量盒内，立即盖好盒盖，称量，细粒土、砂类土称量应准确至0.01g，砂砾石称量应准确至1g。当使用恒质量盒时，可先将其放置在电子天平或电子台秤上清零，再称量装有试样的恒质量盒，称量结果即为湿土质量；

2　揭开盒盖，将试样和盒放入烘箱，在105℃～110℃下烘到恒量。烘干时间，对黏质土，不得少于8h；对砂类土，不得少于6h；对有机质含量为5%～10%的土，应将烘干温度控制在65℃～70℃的恒温下烘至恒量；

3　将烘干后的试样和盒取出，盖好盒盖放入干燥器内冷却至室温，称干土质量。

5.2.3　含水率应按下式计算，计算至0.1%。

$$w=\left(\frac{m_0}{m_d}-1\right)\times 100 \tag{5.2.3}$$

式中：w——含水率（%）。

5.2.4　本试验应进行两次平行测定，取其算术平均值，最大允许平行差值应符合表5.2.4的规定。

表5.2.4　含水率测定的最大允许平行差值(%)

含水率 w	最大允许平行差值
<10	±0.5
10～40	±1.0
>40	±2.0

5.2.5　本试验的记录格式应符合本标准附录D表D.3的规定。

表D.3　　含水率试验记录表

<table>
<tr><td colspan="3">任务单号</td><td colspan="3"></td><td colspan="2">试验者</td><td colspan="2"></td></tr>
<tr><td colspan="3">试验日期</td><td colspan="3"></td><td colspan="2">计算者</td><td colspan="2"></td></tr>
<tr><td colspan="3">天平编号</td><td colspan="3"></td><td colspan="2">校核者</td><td colspan="2"></td></tr>
<tr><td colspan="3">烘箱编号</td><td colspan="3"></td><td colspan="2"></td><td colspan="2"></td></tr>
<tr><td rowspan="2">试样编号</td><td rowspan="2">试样说明</td><td rowspan="2">盒号</td><td>盒质量(g)</td><td>盒加湿土质量(g)</td><td>盒加干土质量(g)</td><td>水分质量(g)</td><td>干土质量 m_d(g)</td><td>含水率 w(%)</td><td>平均含水率 $\overline{w}$(%)</td></tr>
<tr><td>(1)</td><td>(2)</td><td>(3)</td><td>(4)=(2)−(3)</td><td>(5)=(3)−(1)</td><td>$(6)=\frac{(4)}{(5)}\times100$</td><td>(7)</td></tr>
<tr><td rowspan="2"></td><td rowspan="2"></td><td></td><td></td><td></td><td></td><td></td><td></td><td></td><td rowspan="2"></td></tr>
<tr><td></td><td></td><td></td><td></td><td></td><td></td><td></td></tr>
<tr><td rowspan="2"></td><td rowspan="2"></td><td></td><td></td><td></td><td></td><td></td><td></td><td></td><td rowspan="2"></td></tr>
<tr><td></td><td></td><td></td><td></td><td></td><td></td><td></td></tr>
<tr><td rowspan="2"></td><td rowspan="2"></td><td></td><td></td><td></td><td></td><td></td><td></td><td></td><td rowspan="2"></td></tr>
<tr><td></td><td></td><td></td><td></td><td></td><td></td><td></td></tr>
<tr><td rowspan="2"></td><td rowspan="2"></td><td></td><td></td><td></td><td></td><td></td><td></td><td></td><td rowspan="2"></td></tr>
<tr><td></td><td></td><td></td><td></td><td></td><td></td><td></td></tr>
<tr><td rowspan="2"></td><td rowspan="2"></td><td></td><td></td><td></td><td></td><td></td><td></td><td></td><td rowspan="2"></td></tr>
<tr><td></td><td></td><td></td><td></td><td></td><td></td><td></td></tr>
<tr><td rowspan="2"></td><td rowspan="2"></td><td></td><td></td><td></td><td></td><td></td><td></td><td></td><td rowspan="2"></td></tr>
<tr><td></td><td></td><td></td><td></td><td></td><td></td><td></td></tr>
</table>

5.3　酒精燃烧法

5.3.1　本试验所用的仪器设备应符合下列规定：

1　电子天平：称量200g，分度值0.01g；

2　酒精：纯度不得小于95%；

3　其他：称量盒、滴管、火柴、调土刀。

5.3.2　酒精燃烧法应按下列步骤进行：

1　取有代表性试样：黏土5g～10g，砂土20g～30g。放入称量盒内，应按本标准第5.2.2条第1款的规定称取湿土；

2　用滴管将酒精注入放有试样的称量盒中，直至盒中出现自由液面为止。为使酒精在试样中充分混合均匀，可将盒底在桌面上轻轻敲击；

3　点燃盒中酒精，烧至火焰熄灭；

4　将试样冷却数分钟，应按本标准第5.3.2条第2款、第3款的规定再重复燃烧两次。当第3次火焰熄灭后，立即盖好盒盖，称干土质量；

5　本试验称量应准确至0.01g。

5.3.3　本试验应进行两次平行测定，计算方法及最大允许平行差值应符合本标准式（5.2.3）和表 5.2.4 的规定。

5.3.4　本试验的记录格式应符合本标准附录 D 表 D.3 的规定。

课前学生任务单

项目名称	项目二　土工试验
任务名称	任务一　含水率试验

任　务　分　组

班　　级		组　　号	
姓　　名		学　　号	
组长姓名		指导老师	
任务分工	试　　验	计　　算	校　　核
负责人 1			
负责人 2			

任　务　目　标

1. 了解小浪底枢纽工程并完成云平台课前调查问卷
2. 学习原始记录表填写规范
3. 用烘干法测含水率
4. 用干土和水做手工模型

学　习　步　骤

1. 通过互联网查询资料自主学习，了解小浪底枢纽工程的地位和作用、小浪底大坝的类型和构造。
2. 根据本教材、仿照试验动画用烘干法检测土样含水率。

含水率试验记录

工程名称		取样部位	
委托单位		试样描述	
任务单号		试验日期	
仪器设备及编号		试验依据	

试样编号	试样说明	盒号	盒质量/g	盒＋湿土质量/g	盒＋干土质量/g	湿土质量/g	干土质量/g	含水率/%	平均含水率/%

试验：　　　　　　　　　　　　计算：　　　　　　　　　　　　校核：

3. 自备适量干土和自来水做一个手工模型，并拍照保存。

①尝试用干土做手工模型。

②逐步加适量的水做手工模型。

注意：每位同学都要动手做。

含水率试验记录表

工程名称		取样部位	
委托单位		试样描述	
任务单号		试验日期	
仪器设备及编号		试验依据	
试验环境		试验描述	

试样编号	试样说明	盒号	盒质量/g	盒＋湿土质量/g	盒＋干土质量/g	湿土质量/g	干土质量/g	含水率/%	平均含水率/%

试验：　　　　　　　　　　　　计算：　　　　　　　　　　　　校核：

活　页　宝　典

课程名称		任课教师	
班级姓名		学　　号	
项目名称		任务名称	
活页笔记			
思维导图			
创新点			
活页测评			

任务二　密　度　试　验

一、工作任务

小浪底大坝为黏土斜心墙土石坝，横剖面图如图 2-1-1 所示。心墙两侧是反滤层，由粒径小于 60mm 的砂砾石组成。反滤层外侧是坝壳包括过渡料和堆石区，都是由块石组成。心墙与相邻反滤料及坝壳料的填筑采用“先砂后土”法，即先填筑黏土心墙两侧的反滤料及坝壳料，层数通常为一层，填筑后在心墙部位围成砂槽，然后向砂槽内分层填筑黏土，通常填筑层数为两层，如此循环进行，直至坝体填筑完成。为了保证施工质量，无论心墙、反滤层还是坝壳料碾压后都要检测密度，进而评价碾压质量是否合格。请根据《标准》中密度试验节选完成以下任务。

任务 2-2-1：心墙采用羊脚碾碾压，请检测心墙料碾压后的密度。

任务 2-2-2：反滤层②A区土料粒径为 0.1～20mm，采用振动碾碾压，请检测反滤料碾压后的密度。

任务 2-2-3：过渡料采用振动碾碾压，请检测坝壳料碾压后的密度。

二、工作目标

（1）测定心墙料碾压后的密度。

（2）测定反滤料碾压后的密度。

（3）测定坝壳过渡区碾压后的密度。

微课：密度试验工程意义

微课：密度试验方法原理

三、任务分组

表 2-2-1　　**任务分组表**

班　级		组　号	
姓　名		学　号	
组长姓名		指导老师	
任务分工	试　验	计　算	校　核
负责人 1			
负责人 2			

四、引导问题

（一）试验原理

1. 什么是土的密度？

2. 如何计算土的密度？

3. 如何得到土的质量？

4. 如何得到土的体积？

（二）选择试验方法

（1）查看《标准》中密度试验部分，测定土的密度有哪些方法？

（2）针对任务2-2-1、任务2-2-2、任务2-2-3应分别采用哪种试验方法？

（三）环刀法试验

1. 你认为环刀法测密度的优点是什么？

2. 针对任务2-2-1、任务2-2-2、任务2-2-3，哪个任务可以采用环刀法？

3. 内径为61.8mm，高为20mm的环刀，容积为______cm^3。

4. 环刀加湿土的质量为158.12g，环刀质量为42.96g，则环刀内土样的密度为______g/m^3。

（四）灌砂法试验

1. 你认为灌砂法测密度的优点是什么？

2. 针对任务2-2-1、任务2-2-2、任务2-2-3，哪个任务可采用灌砂法？

3. 检测小浪底大坝反滤料碾压后的密度能否采用灌砂法，为什么？

4. 灌砂法试坑的尺寸该如何确定？

（五）灌水法试验

1. 你认为灌水法测密度的优点是什么？

2. 针对任务2-2-1、任务2-2-2、任务2-2-3，哪个任务应该采用灌水法？

3. 检测小浪底大坝反滤料碾压后的密度能否采用灌水法，为什么？

4. 灌水法试坑的尺寸该如何确定？

五、工作计划

（一）课前

（1）根据学生课前任务单完成课前任务，熟悉小浪底大坝心墙、过渡料和坝壳料的粒径大小。

（2）回顾密度的概念。

（3）通过网络等途径自主学习，查找空气的密度、混凝土的密度、钢材的密度和土的密度。

（4）预习环刀工具知识。

（5）思考规则物体和不规则物体体积的求取方法。

（6）在活页宝典中记录发现的问题。

（二）课中

（1）阅读《标准》中密度试验部分，根据工作任务选择试验方法，并进行小组任务分工。

（2）根据试验方法进行工作准备。

（3）进行试验并做好试验记录。

（4）进行数据处理。

(5) 在活页宝典中记录发现的问题。

(6) 填写学生自评表进行自我评价，并向老师反馈试验中发现的问题。

(三) 课后

(1) 用思维导图归纳总结密度试验。

(2) 记录试验中的创新想法。

六、进度决策

首先熟读《标准》中密度试验部分，理解规范内容，结合工程情况充分讨论选对试验方法。然后规范操作完成试验，根据自评表逐项检查进行自评，及时反馈试验中发现的问题。最后总结归纳密度试验，并用思维导图记录在活页宝典中。详细步骤及参考时间如下：

(1) 试验阶段。教师引导学生阅读理解《标准》中密度试验部分（20min）→根据工作任务选择试验方法（5min）→进行任务分工（5min）。

环刀法：工作准备（5min）→称量、记录环刀质量（1min）→环刀取土样（10min＋10min）→修平环刀两端（5min）→称量、记录环刀加土（1min）→取剩余的代表性土样测定含水率（取土样时间1min，含水率试验8h以上）→数据处理（5min）。

灌砂法（不用套环）：工作准备（5min）→整平地面（5min）→挖试坑、并将坑内试样装入盛土容器（视土样情况而定，多则数小时）→称量试样质量（1min）→取代表性土样测定含水率（取土样时间1min，烘干法含水率试验8h以上或采用酒精燃烧法30min）→称盛量砂容器加量砂质量、在试坑上放置防风筒和漏斗（取完代表性土样即可开始，时间5min）→灌砂（15min）→将多余的量砂倒回量砂容器，称量砂容器加剩余量砂质量（5min）→数据处理（5min）。

灌水法：工作准备（5min）→整平地面（5min）→挖试坑、并将坑内试样装入盛土容器（视土样情况而定，多则数小时）→称量试样质量（1min）→取代表性土样测定含水率（取土样时间1min，烘干法含水率试验8h以上或采用酒精燃烧法30min）→放套环、放塑料薄膜（取完代表性土样即可开始，时间5min）→灌水（15min）→数据处理（5min）。

(2) 评价与反馈。自评（10min）→反馈（10min）。

(3) 归纳和总结。活页宝典归纳总结（10min＋课下）。

七、工作实施

(一) 任务2-2-1心墙料碾压后密度检测工作实施

1. 工作准备

根据《标准》中密度试验部分第6.1.1条，细粒土宜采用环刀法，心墙土料是细粒土，所以本任务采用环刀法完成。

(1) 试验工具。

1) 环刀：用于切取土样。环刀基本参数满足《岩土工程仪器基本参数及通用技术条件》(GB/T 15406—2007) 第5.1.1.2.2条即可，环刀参数如表2-2-2所示，环刀图片如图2-2-1所示。

表 2-2-2　　环刀基本参数

仪器名称	型式	内径/mm	高度/mm	刃口厚度/mm	刃口角度/(°)
环刀	带边	61.8，64	20，40	0.3	10
	不带边	40，50.46，61.8，64，70，79.8，100，200			

2）切土刀：用于切削、修平土样，如图 2-2-2 所示。

3）天平：称量 500g，分度值 0.1g，如图 2-2-3 所示；称量 200g，分度值 0.01g，如图 2-2-4 所示。

图 2-2-1　环刀

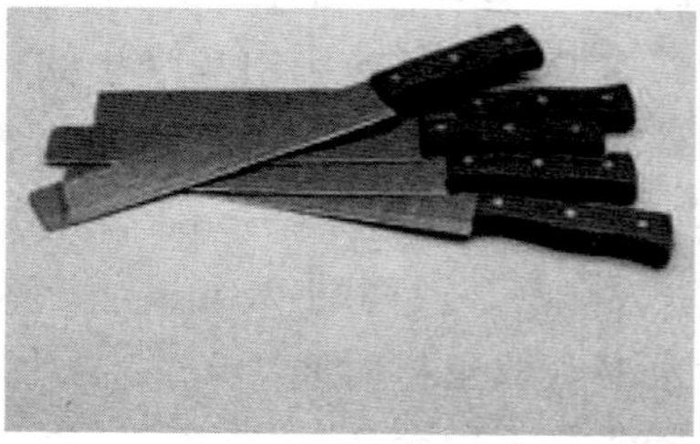

图 2-2-2　切土刀

图 2-2-3　天平（分度值 0.1g）

图 2-2-4　天平（分度值 0.01g）

（2）技术资料：①《标准》中密度部分；②环刀法试验记录表。

动画：环刀法规范操作

2. 开展试验

如实填写密度试验记录表（环刀法）中的任务单号、试验日期、天平等信息，开始做试验。

【步骤 1】 将天平放置在平整稳固的操作台面上，调平天平，通电备用。

【步骤 2】 按工程需要取原状土试样或制备所需状态的扰动土试样，整平其两端，将环刀内壁涂一薄层凡士林，刃口向下放在试样上。

【步骤 3】 用切土刀（或钢丝锯）将土样削成略大于环刀直径的土柱。然后将环刀垂直下压，边压边削，至土样伸出环刀为止。将两端余土削去修平，取剩余的代表性土样测定含水率。

【步骤 4】 擦净环刀外壁称量，准确至 0.1g。

3. 试验成果整理

（1）计算密度及干密度。根据《标准》中密度试验部分第 6.2.3 条计算密度及干密度。

（2）确定试验结论。本试验应进行两次平行测定，其最大允许平行差值应为 ±0.03g/cm³。取其算术平均值。

（二）任务 2-2-2 ⑳区反滤料碾压后密度检测工作实施

1. 工作准备

根据《标准》中密度试验部分第 41.1.1 条，环刀法适用于细粒土。灌砂法、灌水法适用于细粒土、砂类土和砾类土。任务 2-2-2 为过渡料碾压后的密度检测，过渡料是砂砾类土，所以本任务采用灌砂法和灌水法都可以。根据试验者习惯，本任务采用灌砂法完成。

图 2-2-5　灌砂法密度试验仪

（1）仪器设备：

1）灌砂法密度试验仪，如图 2-2-5 所示。

2）台秤：称量 10kg，分度值 5g，如图 2-2-6 所示；称量 50kg，分度值 10g，如图 2-2-7 所示。

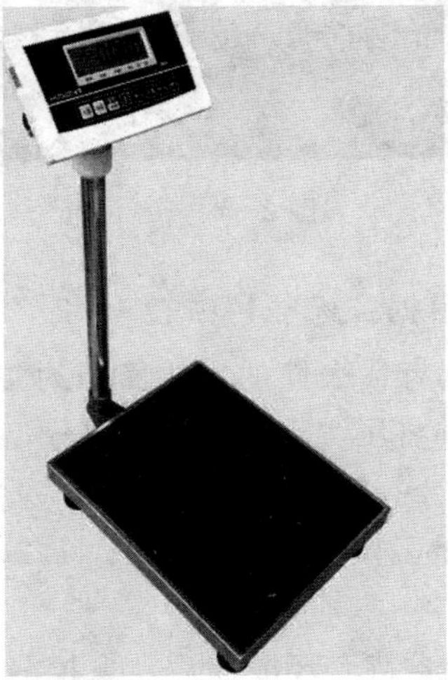

图 2-2-6　台秤（分度值 5g）

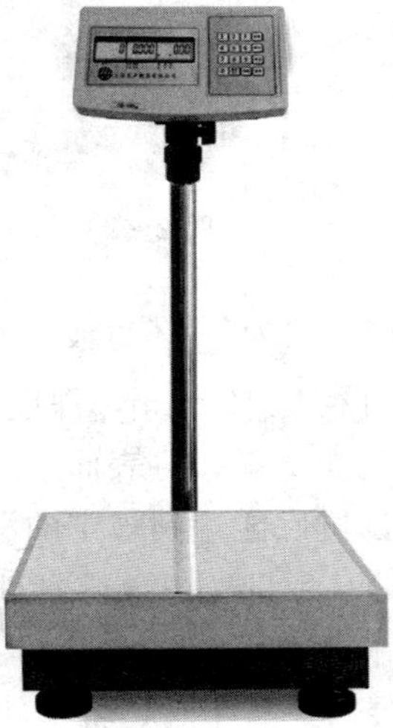

图 2-2-7　台秤（分度值 10g）

3）量砂：粒径 0.25～0.50mm 的干燥清洁标准砂 10～40kg，如图 2-2-8 所示。

4）有盖的量砂容器：盛放量砂。

5）直尺：用于刮平套环上砂面，如图 2-2-9 所示。

6）铲土工具：用于挖试坑，如图 2-2-10 所示。

（2）技术资料：①《标准》中密度试验灌砂法部分；②灌砂法试验记录表。

2. 开展试验

采用用套环的灌砂法进行试验。

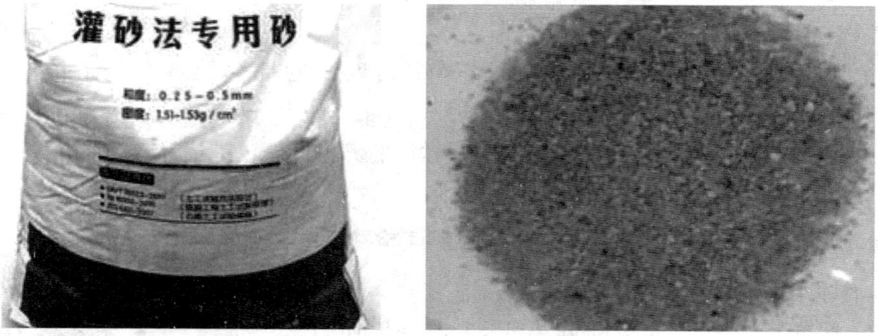

图 2-2-8　灌砂法标准砂

微课：灌砂法规范操作

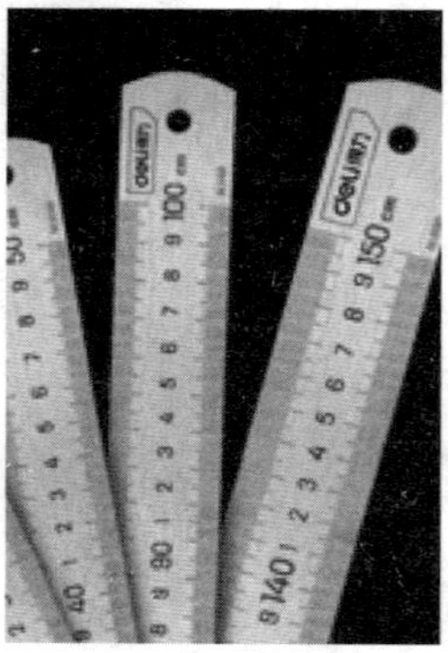

图 2-2-9　直尺

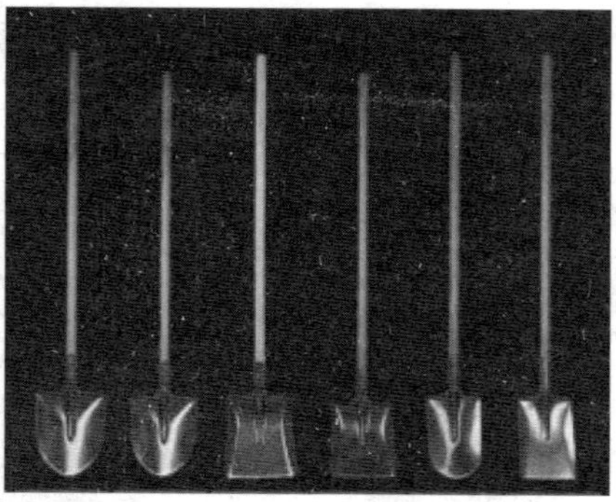

图 2-2-10　铁铲

【步骤 1】　因为②A区过渡料直径小于 20mm，根据《标准》中表 41.2.2 的规定，确定试坑尺寸直径为 150mm，深度为 200mm。选定具有代表性的一块面积约 40cm×40cm 的场地并将地面铲平。将表面未压实土层清除掉，并将压实土层铲去一部分，其深度视需要而定，使试坑底能达到规定的深度 200mm。

【步骤 2】　称量、记录盛量砂的容器加量砂质量。按《标准》中图 41.2.1 所示，将仪器放在整平的地面上，用固定器将套环固定。

【步骤 3】　开漏斗阀，将量砂经漏斗灌入套环内，待套环灌满后，拿掉漏斗、漏斗架及防风筒，无风可不用防风筒，用直尺刮平套环上砂面，使与套环边缘齐平。将刮下的量砂细心倒回量砂容器，不得丢失。称量、记录量砂容器加第 1 次剩余量砂质量。

【步骤 4】　将套环内的量砂取出，称量、记录量砂质量。将称量后的量砂倒回量砂容器内。环内量砂允许有少部分仍留在环内。

【步骤 5】　在套环内挖试坑，试坑直径为 150mm，深度为 200mm。挖坑时要特别小心，将已松动的试样全部取出，立即放入盛试样的容器内，将盖盖好，称量、记录容器加试样质量，并取代表性试样，测定含水率。

【步骤 6】　在套环上重新装上防风筒、漏斗架及漏斗。将量砂经漏斗灌入试坑内，量砂下落速度应大致相等，直至灌满套环。

【步骤7】 取掉漏斗、漏斗架及防风筒，用直尺刮平套环上的砂面，使其与套环边缘齐平。刮下的量砂全部倒回量砂容器内，不得丢失。称量、记录量砂容器加第二次剩余量砂质量。

3. 试验成果整理

（1）计算密度及干密度。根据《标准》中密度试验部分第41.2.4条计算密度及干密度。

（2）确定试验结论。本试验需进行两次平行测定，取其算术平均值。

（三）任务2-2-3 坝壳料碾压后密度检测工作实施

1. 工作准备

根据《标准》中密度试验部分第41.1.1条，环刀法适用于细粒土。灌砂法、灌水法适用于细粒土、砂类土和砾类土。任务2-2-3为坝壳过渡料碾压后的密度检测，过渡料是堆石，粒径在200mm以下，所以本任务采用灌砂法和灌水法都可以，但是因为过渡料最大粒径较大，需要挖的试坑的尺寸也大，若采用灌砂法则需要的标准砂数量也多且不容易回收，所以本任务采用灌水法完成。

（1）仪器设备。

1）储水筒：直径应均匀，并附有刻度，如图2-2-11所示。

2）台秤：称量20kg，分度值5g，如图2-2-12所示；称量50kg，分度值10g，如图2-2-7所示。

图2-2-11 储水筒和水准尺

图2-2-12 台秤（称量20kg，分度值5g）

3）薄膜：聚乙烯塑料薄膜。

4）铲土工具：用于挖试坑，如图2-2-10所示。

5）水准尺

6）直尺：用于刮平套环上砂面，如图2-2-9所示。

微课：灌水法规范操作

（2）技术资料：①《标准》中密度试验灌水法部分；②灌水法试验记录表。

2. 开展试验

【步骤1】 将测点处的地面整平，并用水准尺检查。

【步骤2】 因为过渡料直径小于200mm，根据《标准》中表41.2.2的规定，确定试坑尺寸直径为880mm，深度为1000mm，按确定的试坑直径划出坑口轮廓线，在轮廓线内下挖至要求的深度。将坑内的试样装入盛土容器内，立即盖盖儿，称量记录试样质量，取有代表性的试样测定含水率。

【步骤3】 试坑挖好后，放上相应尺寸的套环，并用水准尺找平，将大于试坑容积的塑料薄膜沿坑底、坑壁紧密相贴（如《标准》中图41.3.2所示）。

【步骤4】 记录储水筒内初始水位高度，拧开储水筒内的注水开关，将水缓慢注入塑料薄膜中。当水面接近套环上边缘时，将水流调小，直至水面与套环上边缘齐平时关闭注水开关，不应使套环内的水溢出；持续3～5min，记录储水筒内水位高度。

3. 试验成果整理

根据《标准》中密度试验灌水法部分第41.3.3条计算干密度、湿密度，进行两次平行测定，取算术平均值。

微课：密度试验数据处理

八、评价反馈

1. 你对环刀切取土样有何感受？

2. 你认为密度试验的难点是什么？

3. 你是否掌握了密度检测技能呢？请根据表2-2-3进行自我评价，附加分和扣分说明填在备注里。

表2-2-3 学生自评表

<table>
<tr><td>班级</td><td></td><td>姓名</td><td></td><td>学号</td><td></td></tr>
<tr><td>学习任务</td><td colspan="5">密度试验</td></tr>
<tr><td>打分类别</td><td colspan="2">考核要点</td><td>分值</td><td>得分</td><td>备注</td></tr>
<tr><td rowspan="7">常规计分项目</td><td colspan="2">（1）会根据工程情况选择密度检测方法</td><td>15</td><td></td><td></td></tr>
<tr><td colspan="2">（2）天平、台秤等试验仪器选用正确，使用规范</td><td>15</td><td></td><td></td></tr>
<tr><td colspan="2">（3）环刀法切削土样操作规范、准确到位，仪器摆放条理规范</td><td>15</td><td></td><td></td></tr>
<tr><td colspan="2">（4）灌砂法、灌水法试坑尺寸正确，灌砂、灌水操作规范、准确到位，仪器摆放条理</td><td>15</td><td></td><td></td></tr>
<tr><td colspan="2">（5）记录表记录规范、干净整洁</td><td>15</td><td></td><td></td></tr>
<tr><td colspan="2">（6）数据处理正确，密度检测结论准确</td><td>15</td><td></td><td></td></tr>
<tr><td colspan="2">（7）团队配合默契，能展示团队力量</td><td>10</td><td></td><td></td></tr>
<tr><td rowspan="3">附加分</td><td colspan="2">试验仪器工具等有创新想法</td><td>20</td><td></td><td></td></tr>
<tr><td colspan="2">数据处理有创新</td><td>10</td><td></td><td></td></tr>
<tr><td colspan="2">试验精益求精，具有工匠精神</td><td>20</td><td></td><td></td></tr>
<tr><td rowspan="2">扣分</td><td colspan="2">试验中篡改伪造数据</td><td>−100</td><td></td><td></td></tr>
<tr><td colspan="2">不能将组内负责任务完成</td><td>−30</td><td></td><td></td></tr>
<tr><td colspan="4">总计</td><td colspan="2"></td></tr>
</table>

九、相关知识点

标准《岩土工程仪器基本参数及通用技术条件》（GB/T 15406—2007）第5.1.1.2.2

环刀基本参数见表 2-2-2 所示：

《土工试验仪器　环刀》（SL 370—2006）环刀的结构形式及规格节选如下。

4　产品结构形式及规格

4.1　产品结构形式

4.1.1　顶端带边式环刀，见图 1。

4.1.2　不带边式环刀，见图 2。

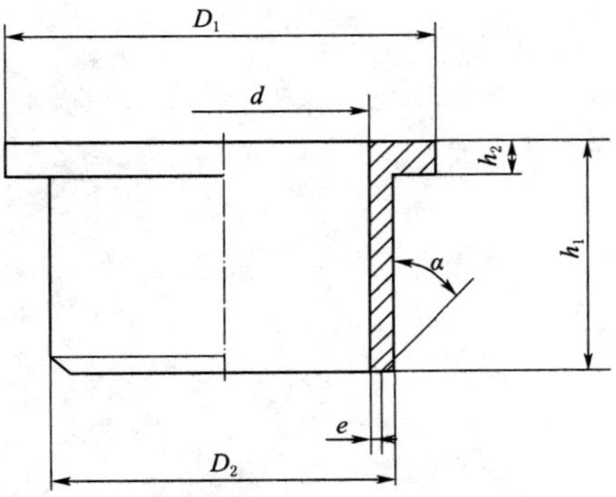

D_1—带边环刀外径；α—刃口角度；D_2—环刀外径；d—环刀内径；h_1—环刀高度；e—刃口宽；h_2—环刀边高

图 1　顶端带边式环刀

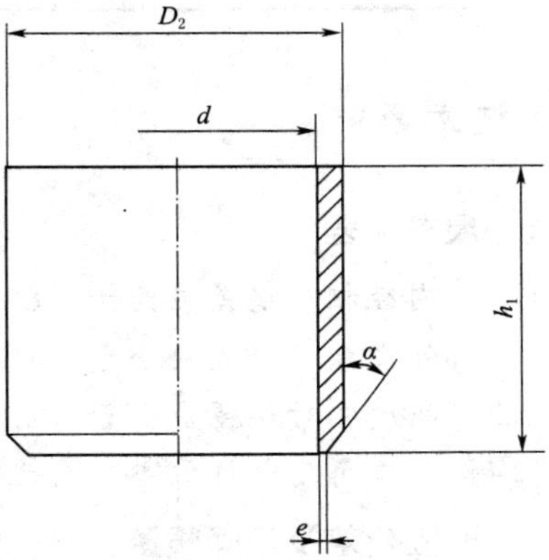

D_2—环刀外径；α—刃口角度；h_1—环刀高度；d—环刀内径；e—刃口宽

图 2　不带边式环刀

4.2　产品规格

4.2.1　取样面积为 $30cm^2$ 的环刀，其规格尺寸应符合表 1 的规定。

表 1　　**面积为 $30cm^2$ 的环刀**

h_1（mm）	D_1（mm）	d（mm）	D_2（mm）	h_2（mm）	e（mm）	α（°）	外形
20	ϕ70	ϕ61.8	ϕ65	2.5	0.3	10	带边
40	ϕ70	ϕ61.8	ϕ65	2.5	0.3	10	带边
20	—	ϕ61.8	ϕ65	—	0.3	10	不带边

4.2.2　取样面积为 $50cm^2$ 的环刀，其规格尺寸应符合表 2 的规定。

表 2　　**面积为 $50cm^2$ 的环刀**

h_1（mm）	D_1（mm）	d（mm）	D_2（mm）	h_2（mm）	e（mm）	α（°）	外形
20	ϕ88	ϕ79.8	ϕ83	2.5	0.3	10	带边
40	ϕ88	ϕ79.8	ϕ83	2.5	0.3	10	带边
20	—	ϕ79.8	ϕ83	—	0.3	10	不带边

4.2.3　取样容积为 $100cm^3$ 环刀，其规格尺寸应符合表 3 的规定。

表 3　　容积为 100cm³ 的环刀

h_1（mm）	D_1（mm）	d（mm）	D_2（mm）	h_2（mm）	e（mm）	α（°）	外形
50	—	ϕ50.46	ϕ55	—	0.3	15	不带边

4.2.4　取样容积为 200cm³ 的环刀，其规格尺寸应符合表 4 的规定。

表 4　　容积为 200cm³ 的环刀

h_1（mm）	D_1（mm）	d（mm）	D_2（mm）	h_2（mm）	e（mm）	α（°）	外形
50	—	ϕ71.36	ϕ75	—	0.3	15	不带边

5　技术要求

5.1　尺寸误差

5.1.1　内径相对误差应为±0.8‰。

5.1.2　外径相对误差应小于−1‰。

5.1.3　高度相对误差应小于+2.5‰。

5.1.4　刃口角度允许偏差应为±1°。

5.2　形位公差及表面质量

5.2.1　同轴度应小于 ϕ0.06mm。

5.2.2　表面粗糙度不应低于 Ra3.2。

5.3　外观

环刀内外加工表面应无明显缺陷。刃口处应无加工损伤，表面色泽一致，不应有斑痕和起皮等现象。

5.4　材料

环刀应选用耐腐蚀不易磨损的不锈钢等材料。

《土工试验方法标准》(GB/T 50123—2019) 节选如下。

6　密度试验

6.1　一般规定

6.1.1　细粒土宜采用环刀法。

6.1.2　试样易碎裂、难以切削时，可用蜡封法。

6.2　环刀法

6.2.1 本试验所用的主要仪器设备应符合下列规定：

1　环刀：尺寸参数应符合国家现行标准《岩土工程仪器基本参数及通用技术条件》GB/T 15406 及《土工试验仪器　环刀》SL 370 的规定；

2　天平：称量 500g，分度值 0.1g；称量 200g，分度值 0.01g。

6.2.2　环刀法试验应按下列步骤进行：

1　按工程需要取原状土试样或制备所需状态的扰动土试样，整平其两端，将环刀内壁涂一薄层凡士林，刃口向下放在试样上；

2　用切土刀（或钢丝锯）将土样削成略大于环刀直径的土柱。然后将环刀垂直下压，边压边削，至土样伸出环刀为止。将两端余土削去修平，取剩余的代表性土样测定含水率；

3　擦净环刀外壁称量，准确至0.1g。

6.2.3　密度及干密度应按下列公式计算，计算至0.01g/cm³。

$$\rho=\frac{m_0}{V} \tag{6.2.3-1}$$

$$\rho_d=\frac{\rho}{1+0.01w} \tag{6.2.3-2}$$

式中：ρ——试样的湿密度（g/cm³）；

ρ_d——试样的干密度（g/cm³）；

V——环刀容积（cm³）。

6.2.4　本试验应进行两次平行测定，其最大允许平行差值应为±0.03g/cm³。试验结果取其算术平均值。

6.2.5　本试验记录格式应符合本标准附录D表D.4的规定。

表 D.4　　**密度试验记录表(环刀法)**

任务单号		试验者	
试验日期		计算者	
天平编号		校核人员	
烘箱编号			

试样编号	环刀号	环刀体积 V（cm³）	湿土质量 m_0（g）	湿密度 ρ（g/cm³）	含水率 w（%）	干密度 ρ_d（g/cm³）	平均干密度 $\bar{\rho}_d$（g/cm³）

6.3　蜡封法

6.3.1　本试验所用的主要仪器设备应符合下列规定：

1　蜡封设备：应附熔蜡加热器；

2　天平：称量500g，分度值0.1g；称量200g，分度值0.01g。

6.3.2　蜡封法试验应按下列步骤进行：

1　切取约$30cm^3$的试样。削去松浮表土及尖锐棱角后，系于细线上称量，准确至0.01g，取代表性试样测定含水率；

2　持线将试样徐徐浸入刚过熔点的蜡中，待全部沉浸后，立即将试样提出。检查涂在试样四周的蜡中有无气泡存在。当有气泡时，应用热针刺破，并涂平孔口。冷却后称蜡封试样质量，准确至0.1g；

3　用线将试样吊在天平（图6.3.2）一端，并使试样浸没于纯水中称量，准确至0.1g。测记纯水的温度；

4　取出试样，擦干蜡表面的水分，用天平称量蜡封试样，准确至0.1g。当试样质量增加时，应另取试样重做试验。

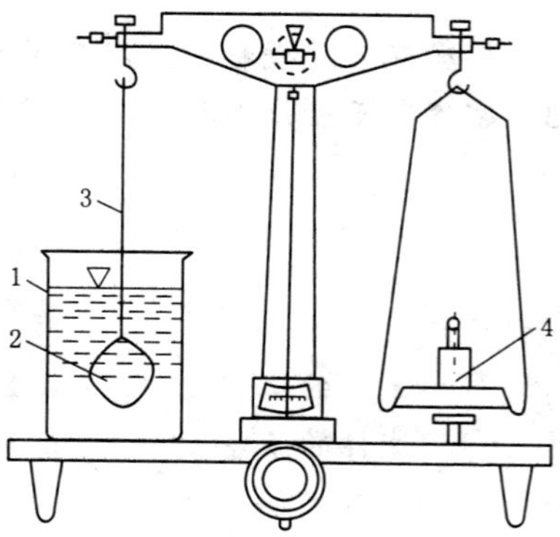

图6.3.2　天平

1—盛水杯；2—蜡封试样；3—细线；4—砝码

6.3.3　湿密度及干密度应按下列公式计算：

$$\rho=\frac{m_0}{\dfrac{m_n-m_{nw}}{\rho_{wT}}-\dfrac{m_n-m_0}{\rho_n}} \tag{6.3.3-1}$$

$$\rho_d=\frac{\rho}{1+0.01w} \tag{6.3.3-2}$$

式中：m_n——试样加蜡质量（g）；

m_{nw}——试样加蜡在水中质量（g）；

ρ_{wT}——纯水在T℃时的密度（g/cm^3），准确至$0.01g/cm^3$；

ρ_n——蜡的密度（g/cm^3），准确至$0.01g/cm^3$。

6.3.4　本试验应进行两次平行测定，其最大允许平行差值应为$\pm0.03g/cm^3$。试验结果取其算术平均值。

6.3.5　本试验记录格式应符合本标准附录D表D.5的规定。

表 D.5　　密度试验记录表(蜡封法)

任务单号		试验者	
试验日期		计算者	
试验标准		校核者	
烘箱编号		天平编号	

蜡的密度 $\rho_n = 0.92(g/cm^3)$

试样编号	试样质量 m(g)	试样加蜡质量 m_n(g)	试样加蜡在水中质量 m_{nw}(g)	温度(℃)	水的密度 ρ_{wT} (g/cm³)	试样加蜡体积(cm³)	蜡体积(cm³)	试样体积(cm³)	湿密度 ρ (g/cm³)	含水率 w(%)	干密度 ρ_d (g/cm³)	平均干密度 $\overline{\rho}_d$ (g/cm³)	备注
	(1)	(2)	(3)	—	(4)	$(5)=\frac{(2)-(3)}{(4)}$	$(6)=\frac{(2)-(1)}{\rho_n}$	(7)=(5)−(6)	$(8)=\frac{(1)}{(7)}$	(9)	$(10)=\frac{(8)}{1+0.01(9)}$	(11)	

41　原位密度试验

41.1　一般规定

41.1.1　原位密度试验方法有环刀法、灌砂法、灌水法。

41.1.2　环刀法适用于细粒土。灌砂法、灌水法适用于细粒土、砂类土和砾类土。

41.2　灌砂法

41.2.1　本试验所用的仪器设备应符合下列规定：

1　灌砂法密度试验仪（图 41.2.1）：包括漏斗、漏斗架、防风筒、套环、附有 3 个固定器；

2　台秤：称量 10kg，分度值 5g；称量 50kg，分度值 10g；

3　量砂：粒径 0.25mm～0.50mm 的干燥清洁标准砂 10kg～40kg；

4　其他：有盖的量砂容器、直尺、铲土工具。

41.2.2　用套环的灌砂法试验应按下列步骤进行：

1　选定具有代表性的一块面积约 40cm×40cm 的场地并将地面铲平。检查填土压实密度时，应将表面未压实土层清除掉，并将压实土层铲去一部分，其深度视需要而定，使

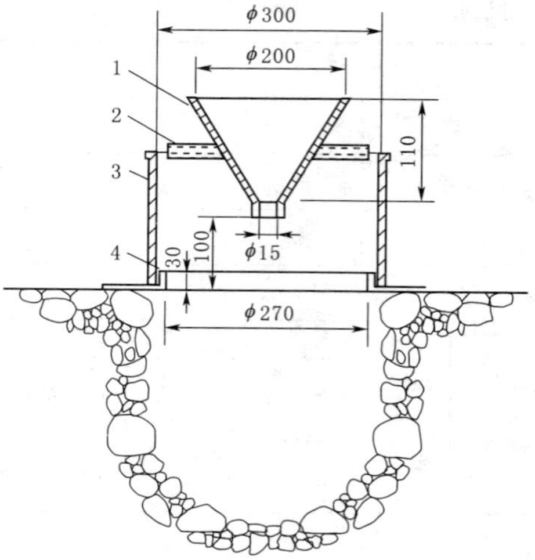

图 41.2.1 灌砂法密度试验仪（单位：mm）
1—漏斗；2—漏斗架；3—防风筒；4—套环

试坑底能达到规定的深度。

2 称盛量砂的容器加量砂质量。按图 41.2.1 所示，将仪器放在整平的地面上，用固定器将套环固定。开漏斗阀，将量砂经漏斗灌入套环内，待套环灌满后，拿掉漏斗、漏斗架及防风筒，无风可不用防风筒，用直尺刮平套环上砂面，使与套环边缘齐平。将刮下的量砂细心倒回量砂容器，不得丢失。称量砂容器加第 1 次剩余量砂质量。

3 将套环内的量砂取出，称量，倒回量砂容器内。环内量砂允许有少部分仍留在环内。

4 在套环内挖试坑，其尺寸应符合表 41.2.2 的规定。挖坑时要特别小心，将已松动的试样全部取出。放入盛试样的容器内，将盖盖好，称容器加试样质量，并取代表性试样，测定含水率。

表 41.2.2 **试坑尺寸与相应的最大粒径(mm)**

试样最大粒径	试坑尺寸	
	直径	深度
5（20）	150	200
40	200	250
60	250	300
200	880	1000

5 在套环上重新装上防风筒、漏斗架及漏斗。将量砂经漏斗灌入试坑内，量砂下落速度应大致相等，直至灌满套环。

6 取掉漏斗、漏斗架及防风筒，用直尺刮平套环上的砂面，使其与套环边缘齐平。刮下的量砂全部倒回量砂容器内，不得丢失。称量砂容器加第二次剩余量砂质量。

41.2.3 不用套环的灌砂法试验应按下列步骤进行：

1 应按本标准第 41.2.2 条第 1 款的规定选择试验地点，在刮平的地面上应按本标准表 41.2.2 的规定挖坑；

2 称盛量砂容器加量砂质量，在试坑上放置防风筒和漏斗，将量砂经漏斗灌入试坑内，量砂下落速度应大致相等，直至灌满试坑；

3 试坑灌满量砂后，去掉漏斗及防风筒，用直尺刮平量砂表面，使与原地面齐平，将多余的量砂倒回量砂容器，称量砂容器加剩余量砂质量。

41.2.4 计算应符合下列规定。

1 湿密度应按下列公式计算：

1）用套环法：

$$\rho=\frac{(m_{y4}-m_{y6})-[(m_{y1}-m_{y2})-m_{y3}]}{\dfrac{m_{y2}+m_{y3}-m_{y5}}{\rho_{1s}}-\dfrac{m_{y1}-m_{y2}}{\rho_{1s}'}} \tag{41.2.4-1}$$

2）不用套环法：

$$\rho=\frac{m_{y4}-m_{y6}}{\dfrac{m_{y1}-m_{y7}}{\rho_{1s}}} \tag{41.2.4-2}$$

式中：m_{y1}——量砂容器加原有量砂质量（g）；

m_{y2}——量砂容器加第 1 次剩余量砂质量（g）；

m_{y3}——从套环中取出的量砂质量（g）；

m_{y4}——试样容器加试样质量（包括少量遗留砂质量）（g）；

m_{y5}——量砂容器加第 2 次剩余量砂质量（g）；

m_{y6}——试样容器质量（g）；

m_{y7}——量砂容器加剩余量砂质量（g）；

ρ_{1s}——往试坑内灌砂时量砂的平均密度（g/cm^3）；

ρ_{1s}'——挖试坑前，往套环内灌砂时量砂的平均密度（g/cm^3）计算至 $0.01g/cm^3$。

2 干密度应按下式计算：

$$\rho_d=\frac{\rho}{1+0.01w} \tag{41.2.4-3}$$

3 本试验需进行两次平行测定，取其算术平均值。

41.2.5 灌砂法试验的记录格式应符合本标准附录 D 表 D.71、表 D.72 的规定。

表 D.71　原位密度试验记录表（灌砂法，用套环）

任务单号		试验者				
试验日期		计算者				
试验环境		校核者				
试样编号		仪器名称及编号				
试样描述		取样地点				
量砂容器质量加原有量砂质量 m_{y1}(g)	(1)					
量砂容器质量加第 1 次剩余量砂质量 m_{y2}(g)	(2)					
套环内耗砂质量(g)	(3)	(1)－(2)				
量砂密度 ρ_{1s}'(g/cm^3)	(4)					
套环体积(cm^3)	(5)	(3)/(4)				
从套环内取出量砂质量 m_{y3}(g)	(6)					
套环内残留量砂质量(g)	(7)	(3)－(6)				

续表

量砂容器质量加第 2 次剩余量砂质量 m_{y5}(g)	(8)					
试坑及套环内耗砂质量(g)	(9)	(2)+(6)−(8)				
量砂密度 ρ_{ls}(g/cm^3)	(10)	(9)/(10)				
试坑及套环总体积(cm^3)	(11)					
试坑体积(cm^3)	(12)	(11)−(5)				
试样容器质量加试样质量(内包括残留之量砂)m_{y4}(g)	(13)					
试样容器质量 m_{y6}(g)	(14)					
试样质量 m_0(g)	(15)	(13)−(14)−(7)				
试样密度 ρ(g/cm^3)	(16)	(15)/(12)				
试样含水率 w(%)	(17)					
干密度 ρ_d(g/cm^3)	(18)	$\frac{(16)}{1+0.01\times(17)}$				
平均干密度 $\bar{\rho}_d$(g/cm^3)	(19)					

表 D.72　　原位密度试验记录表(灌砂法,不用套环)

任务单号		试验者				
试验日期		计算者				
试验环境		校核者				
试样编号		仪器名称及编号				
试样描述		取样地点				
量砂容器质量加原有量砂质量 m_{y1}(g)	(1)					
量砂容器质量加剩余量砂质量 m_{y7}(g)	(2)					
试坑内耗砂质量(g)	(3)	(1)−(2)				
量砂密度 ρ_n(g/cm^3)	(4)					
试坑体积(cm^3)	(5)	(3)/(4)				
试样质量加试样容器质量 m_{y4}(g)	(6)					
试样容器质量 m_{y6}(g)	(7)					
试样质量 m_0(g)	(8)	(6)−(7)				
试样密度 ρ(g/cm^3)	(9)	(8)/(5)				
试样含水率 w(%)	(10)					
干密度 ρ_d(g/cm^3)	(11)	$\frac{(9)}{1+0.01\times(10)}$				
平均干密度 $\bar{\rho}_d$(g/cm^3)	(12)					

41.3　灌水法

41.3.1　本试验所用的仪器设备应符合下列规定：

1　储水筒：直径应均匀，并附有刻度；

2　台秤：称量20kg，分度值5g；称量50kg，分度值10g；

3　薄膜：聚乙烯塑料薄膜；

4　其他：铲土工具、水准尺、直尺等。

41.3.2　灌水法试验应按下列步骤进行：

1　将测点处的地面整平，并用水准尺检查；

2　应按本标准表41.2.2的规定确定试坑尺寸，按确定的试坑直径划出坑口轮廓线，在轮廓线内下挖至要求的深度。将坑内的试样装入盛土容器内，称试样质量，取有代表性的试样测定含水率；

3　试坑挖好后，放上相应尺寸的套环，并用水准尺找平，将大于试坑容积的塑料薄膜沿坑底、坑壁紧密相贴（图41.3.2）；

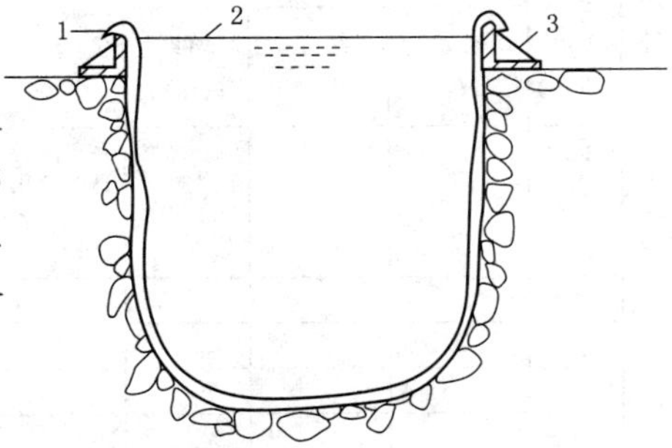

图41.3.2　灌水法密度试验

1—塑料薄膜；2—参考水平面；3—钢套环

4　记录储水筒内初始水位高度，拧开储水筒内的注水开关，将水缓慢注入塑料薄膜中。当水面接近套环上边缘时，将水流调小，直至水面与套环上边缘齐平时关注水开关，不应使套环内的水溢出；持续3min～5min，记录储水筒内水位高度。

41.3.3　计算应符合下列规定：

1　试坑体积应按下式计算：

$$V_{sk}=(H_{t2}-H_{t1})A_w-V_{th} \tag{41.3.3-1}$$

式中：V_{sk}——试坑体积（cm^3）；

H_{t1}——储水筒内初始水位高度（cm）；

H_{t2}——储水筒内注水终了时水位高度（cm）；

A_w——储水筒断面积（cm^2）；

V_{th}——套环体积（cm^3）。

2　湿密度及干密度按下列公式计算，计算至0.01g/cm^3：

$$\rho=\frac{m_0}{V_{sk}} \tag{41.3.3-2}$$

$$\rho_d=\frac{\rho}{1+0.01w} \tag{41.3.3-3}$$

3　本试验需进行两次平行测定，取算术平均值。

41.3.4　灌水法试验的记录格式应符合本标准附录D表D.73的规定。

表 D.73　**原位密度试验记录表(灌水法)**

任务单号		试验者	
试验日期		计算者	
试验环境		校核者	
试样描述		仪器名称及编号	
取样地点		试样编号	

试样编号	套环体积 V_{th} (cm^3)	储水筒水位(cm)		储水筒面积 A_w (cm^2)	试坑体积 V_{sk} (cm^3)	试样质量 m_0(g)	试样含水率 w(%)	试样湿密度 ρ (g/cm^3)	试样干密度 ρ_d (g/cm^3)
		初始 H_{t1}	终了 H_{t2}						
(1)	(2)	(3)	(4)	(5)	(6)=[(4)−(3)]×(5)−(2)	(7)	(8)	(9)=(7)/(6)	(10)=$\frac{(9)}{1+0.01\times(8)}$

课前学生任务单

项目名称	项目二　土工试验
任务名称	任务二　密度试验

任　务　分　组

班　　级		组　　号	
姓　　名		学　　号	
组长姓名		指导老师	
任务分工	试　　验	计　　算	校　　核
负责人 1			
负责人 2			

任　务　目　标

1. 熟悉小浪底大坝心墙、过渡料和坝壳料土料组成。
2. 牢记密度概念。
3. 了解土的密度的大概范围。
4. 掌握圆柱体体积的求解方法。
5. 了解环刀工具知识

学　习　步　骤

1. 仔细阅读任务二的工作任务，也可通过网络等途径自主学习，熟悉小浪底大坝心墙、过渡料和坝壳料土料组成。
2. 回顾密度的概念。
3. 通过网络等途径自主学习，查找空气的密度、混凝土的密度、钢材的密度和土的密度。
4. 预习环刀工具知识。
5. 思考规则物体和不规则物体体积的求取方法。
6. 在活页宝典中记录发现的问题。

原位密度试验记录表(环刀法)

<table>
<tr><td colspan="2">工程名称</td><td colspan="3"></td><td colspan="2">取样部位</td><td colspan="3"></td></tr>
<tr><td colspan="2">委托单位</td><td colspan="3"></td><td colspan="2">试样描述</td><td colspan="3"></td></tr>
<tr><td colspan="2">任务单号</td><td colspan="3"></td><td colspan="2">试验日期</td><td colspan="3"></td></tr>
<tr><td colspan="2">仪器设备及编号</td><td colspan="3"></td><td colspan="2">试验依据</td><td colspan="3"></td></tr>
<tr><td colspan="2">试验环境</td><td colspan="3"></td><td colspan="2">试验描述</td><td colspan="3"></td></tr>
<tr><td rowspan="3">取样点</td><td>桩号/m</td><td colspan="2"></td><td colspan="2"></td><td colspan="2"></td><td colspan="2"></td></tr>
<tr><td>高程/m</td><td colspan="2"></td><td colspan="2"></td><td colspan="2"></td><td colspan="2"></td></tr>
<tr><td>距轴线/m</td><td colspan="2"></td><td colspan="2"></td><td colspan="2"></td><td colspan="2"></td></tr>
<tr><td rowspan="6">湿密度</td><td>环刀号</td><td></td><td></td><td></td><td></td><td></td><td></td><td></td><td></td></tr>
<tr><td>环刀＋湿土质量/g</td><td></td><td></td><td></td><td></td><td></td><td></td><td></td><td></td></tr>
<tr><td>环刀质量/g</td><td></td><td></td><td></td><td></td><td></td><td></td><td></td><td></td></tr>
<tr><td>湿土质量/g</td><td></td><td></td><td></td><td></td><td></td><td></td><td></td><td></td></tr>
<tr><td>环刀体积/cm³</td><td></td><td></td><td></td><td></td><td></td><td></td><td></td><td></td></tr>
<tr><td>湿密度/(g/cm³)</td><td></td><td></td><td></td><td></td><td></td><td></td><td></td><td></td></tr>
<tr><td rowspan="8">含水率</td><td>盒号</td><td></td><td></td><td></td><td></td><td></td><td></td><td></td><td></td></tr>
<tr><td>盒的质量/g</td><td></td><td></td><td></td><td></td><td></td><td></td><td></td><td></td></tr>
<tr><td>盒＋湿土质量/g</td><td></td><td></td><td></td><td></td><td></td><td></td><td></td><td></td></tr>
<tr><td>盒＋干土质量/g</td><td></td><td></td><td></td><td></td><td></td><td></td><td></td><td></td></tr>
<tr><td>干土质量/g</td><td></td><td></td><td></td><td></td><td></td><td></td><td></td><td></td></tr>
<tr><td>含水质量/g</td><td></td><td></td><td></td><td></td><td></td><td></td><td></td><td></td></tr>
<tr><td>含水率/%</td><td></td><td></td><td></td><td></td><td></td><td></td><td></td><td></td></tr>
<tr><td>平均含水率/%</td><td colspan="2"></td><td colspan="2"></td><td colspan="2"></td><td colspan="2"></td></tr>
<tr><td colspan="2">干密度/(g/cm³)</td><td colspan="2"></td><td colspan="2"></td><td colspan="2"></td><td colspan="2"></td></tr>
<tr><td colspan="2">平均干密度/(g/cm³)</td><td colspan="4"></td><td colspan="4"></td></tr>
<tr><td colspan="2">备　注</td><td colspan="8"></td></tr>
</table>

试验：　　　　　　　　　　　　　　计算：　　　　　　　　　　　　　　复核：

原位密度试验记录表(灌砂法)

工程名称				取样部位		
委托单位				试样描述		
任务单号				试验日期		
仪器设备及编号				试验依据		
试验环境				试验描述		
取样点	桩号/m					
	高程/m					
	距轴线/m					
湿密度	容器加量砂质量/g	(1)				
	第1次灌砂后容器加量砂质量/g	(2)				
	第2次灌砂后容器加量砂质量/g	(3)				
	试坑实际用砂质量/g	(4)=(2)-(3)				
	量砂的密度/(g/cm^3)	(5)				
	试坑的体积/cm^3	$(6)=\frac{(4)}{(5)}$				
	试坑湿土质量/g	(7)				
	湿密度/(g/cm^3)	$(8)=\frac{(7)}{(6)}$				
含水率	盒号	(9)				
	盒质量/g	(10)				
	盒+湿土质量/g	(11)				
	盒+干土质量/g	(12)				
	水质量/g	(13)=(11)-(12)				
	干土质量/g	(14)=(12)-(10)				
	含水率/%	$(15)=\frac{(13)}{(14)}$				
	平均含水率/%	(16)				
干密度/(g/cm^3)		$(17)=\frac{(8)}{(16)}$				
检测结论				备注		

试验：　　　　　　　　　　　　计算：　　　　　　　　　　　　复核：

原位密度试验记录表(灌水法)

工程名称		取样部位	
委托单位		试样描述	
任务单号		试验日期	
仪器设备及编号		试验依据	
试验环境		试验描述	

试样编号	套环体积 V_{th} /cm^3	储水筒水位/cm		储水筒面积 A_w /cm^2	试坑体积 V_{sk} /cm^3	试样质量 m_0 /g	试样含水率 w /%	试样湿密度 ρ /(g/cm^3)	试样干密度 ρ_d /(g/cm^3)
		初始 H_{t1}	终了 H_{t2}						

试验： 计算： 复核：

活　页　宝　典

课程名称		任课教师	
班级姓名		学　　号	
项目名称		任务名称	
活页笔记			
思维导图			
创新点			
活页测评			

任务三　比　重　试　验

一、工作任务

小浪底大坝为黏土斜心墙土石坝，横剖面图如图 2-1-1 所示，坝体各区所采用的土石材料中有机质含量均小于 5%。图中①区为黏土斜心墙，②A和②B区为反滤层，反滤层施工之后需要根据其比重、含水率、密度计算孔隙比，然后根据最大孔隙比和最小孔隙比计算其相对密实度，进而评定反滤层的施工质量。请根据《标准》中比重试验节选完成以下任务。

任务 2-3-1：②A区为斜心墙下游的第一层反滤层，采用 0.1～20mm 的土料，请测定②A区反滤层土粒的比重。

任务 2-3-2：②B区为斜心墙下游的第二层反滤层，采用 5～60mm 土料，请测定②B区反滤层土粒的比重。

二、工作目标

（1）测定②A区反滤层土粒的比重。

（2）测定②B区反滤层土粒的比重。

微课：比重试验工程意义

动画：比重试验方法原理

三、任务分组

表 2-3-1　　任务分组表

班　　级		组　　号	
姓　　名		学　　号	
组长姓名		指导老师	
任务分工	试　　验	计　　算	校　　核
负责人 1			
负责人 2			

四、引导问题

1. 什么是土粒的比重？

2. 测定土粒比重的关键是什么？

3. 如何测定不规则物体的体积？

4. 根据《标准》中比重试验部分，测定土粒比重有哪些方法？该如何选择？本任务该如何选择比重试验方法？

5. 粒径小于 5mm 的土，用__________法测定土粒比重。

6. 粒径不小于 5mm 的土，且其中粒径大于 20mm 的颗粒含量小于 10%时，应用________法测比重；粒径大于 20mm 的颗粒含量不小于 10%时，应用__________法测比重。

五、工作计划

（一）课前

（1）由比重的概念思考比重的检测方法。

（2）回顾不规则物体体积的求取方法。

（二）课中

（1）阅读《标准》中比重试验部分，根据工作任务选择试验方法，并进行小组任务分工。

（2）根据试验方法进行工作准备。

（3）进行试验并做好试验记录。

（4）进行数据处理。

（5）在活页宝典中记录发现的问题。

（6）填写学生自评表进行自我评价，并向老师反馈试验中发现的问题。

（三）课后

（1）用思维导图归纳总结比重试验。

（2）记录试验中的创新想法。

六、进度决策

首先熟读《标准》中比重试验部分，理解《标准》内容，讨论如何选择比重试验的方法。然后结合工程情况，小组充分讨论确定试验方法。接着规范操作完成试验并根据自评表逐项检查进行自评，及时反馈试验中发现的问题。最后总结归纳比重试验，并用思维导图记录在活页宝典中。详细步骤及各步骤参考时间如下：

阅读《标准》中比重试验部分（10min）→思考如何选择试验方法（10min）→根据工作任务选择试验方法（5min）→进行任务分工（5min）

比重瓶法：工作准备（10min）→取样称量（5min）→煮沸排气（60min）→恒温（20min）→注水称量（5min）→测量水温（1min）→查取质量（1min）→数据处理（15min）。

浮称法：工作准备（10min）→取样称量(5min)→冲洗试样(10min)→浸泡试样(24h)→湿毛巾擦干(饱和面干)(2min)→浮称称量试样(2min)→数据处理(15min)。

虹吸筒法：工作准备（10min）→取样称量（5min）→冲洗试样（10min）→浸泡试样（24h）→湿毛巾擦干（饱和面干）称量（2min）→虹吸筒注满水、关闭管夹（3min）→放土样搅拌排气（3min）→液面稳定、开管夹、量筒接水（10min）→称量筒与水总质量（1min）→取出试样，烘干称量（7h 以上）。

七、工作实施

（一）任务 2-3-1②A区反滤层土粒比重检测工作实施

根据《标准》中比重试验部分，需要根据土粒粒径选择比重试验方法。将土料先过 5mm 筛，将筛上和筛下土料分别收集并记录质量，再将筛上土样过 20mm 筛，并记录筛上土样质量，然后根据土粒粒径按《标准》中比重试验部分第 7.1.1 条选择试验方法。任务 2-3-1 中②A区土料粒径为 0.1～20mm，其中粒径小于 5mm 的土粒用比重瓶法检测；5mm 筛上为粒径不小于 5mm 的土粒，因为其中粒径大于 20mm 的颗粒含量为 0，小于 10%，所以采用浮称法检测；②A区反滤层土粒的比重最终由比重瓶法和浮称法测得的结果综合计算得到。

1. 粒径小于 5mm 的土粒比重试验检测——比重瓶法工作实施

（1）工作准备。

1）仪器设备。

a. 比重瓶：容量 100mL 或 50mL，分长颈和短颈两种，如图 2-3-1 和图 2-3-2 所示。

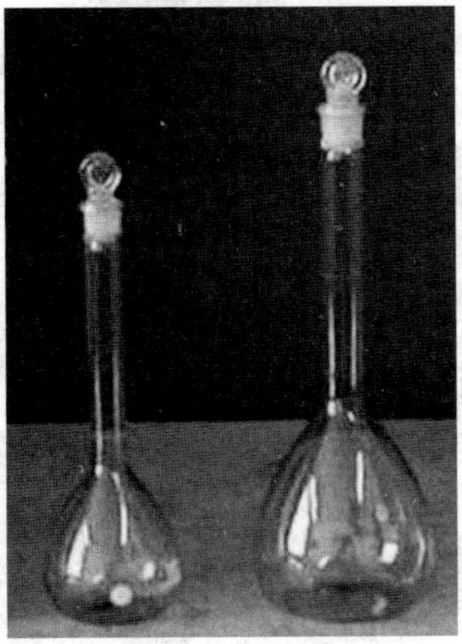

图 2-3-1 长颈比重瓶

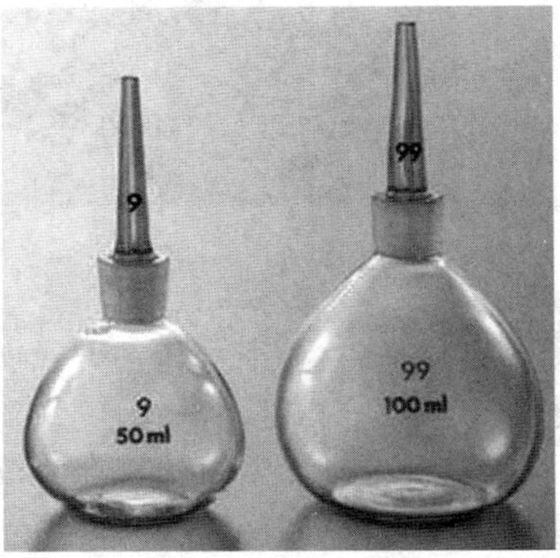

图 2-3-2 短颈比重瓶

b. 天平：称量 200g，分度值 0.001g，如图 2-3-3 所示。

c. 恒温水槽：最大允许误差应为±1℃，如图 2-3-4 所示。

d. 砂浴：应能调节温度，如图 2-3-5 所示。

e. 土壤筛：孔径 5mm，如图 2-3-6 所示。

f. 温度计：测量范围 0～50℃，分度值 0.5℃，如图 2-3-7 所示。

g. 漏斗：用于往比重瓶内装土样或装水，如图 2-3-8 所示。

h. 其他：烘箱、纯水、滴管。

图 2-3-3　天平

图 2-3-4　恒温水槽

图 2-3-5　砂浴

图 2-3-6　土壤筛（孔径 5mm）

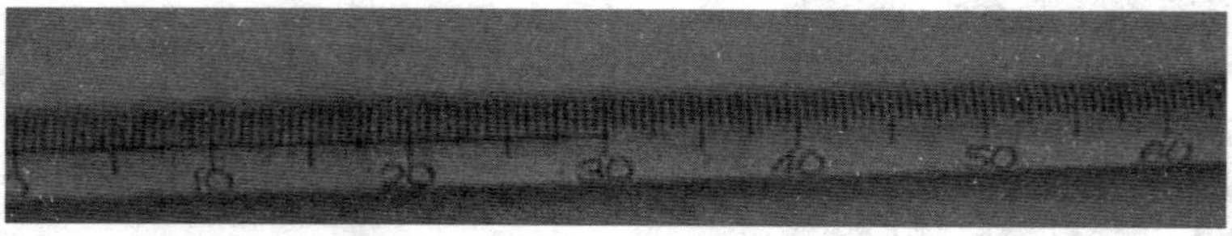

图 2-3-7　温度计（分度值 0.5℃）

动画：比重瓶法规范操作

2）技术资料：①《标准》中比重试验节选；②比重瓶法试验记录表。

（2）试验准备。

1）比重瓶的校准。按照《标准》中比重试验比重瓶法部分第 7.2.2 条进行比重瓶的校准。

2）扰动土试样的备样。

a. 将土样从土样筒或包装袋中取出，对土样的颜色、气味、夹杂物和土类及均匀程度进行描述，并将土样切成碎块，拌和均匀，取代表性土样测定含水率。

b. 将土样在 105～110℃温度下烘干备用。

（3）开展试验。

如实填写比重瓶法试验记录表中的任务单号、试验日期、仪器设备及编号等信息，开始做试验。

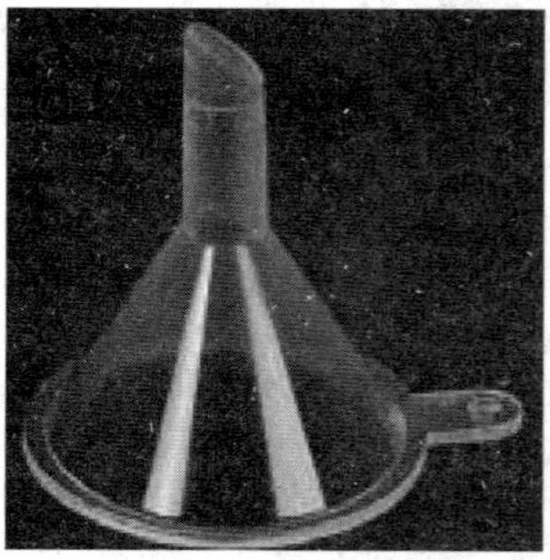

图 2-3-8　漏斗

【步骤 1】 天平调平、通电备用。本试验使用的天平分度值为 0.001g，精度较高，一般应将天平放置在平整稳固的操作台面上不动，但是每次使用前都要确定天平调平，然后通电备用。

【步骤 2】 取样称量。将比重瓶烘干。本任务采用 100mL 比重瓶，根据标准应称粒径小于 5mm 的烘干土 15g 装入。

【步骤 3】 煮沸排气。本任务采用煮沸法排除土中的空气。向已装有干土的比重瓶注入纯水至瓶的一半处，摇动比重瓶，将瓶放在砂浴上煮沸，因为本任务土粒粒径为 0.1～5mm，根据标准煮沸时间自悬液沸腾起不得少于 30min。煮沸时应注意不使土液溢出瓶外。

【步骤 4】 注水称量。将纯水注入比重瓶至近满，将比重瓶放于恒温水槽内。待瓶内悬液温度稳定及瓶上部悬液澄清。塞好瓶塞，使多余水分自瓶塞毛细管中溢出，将瓶外水分擦干后，称量并记录瓶、水、土总质量，精确至 0.001g；称量后测定瓶内水的温度，准确至 0.5℃。

【步骤 5】 查取质量。根据测得的温度，从已绘制的温度与瓶、水总质量关系中查得瓶、水总质量，并记录。

（4）试验成果整理。

1）计算比重。按照《标准》中比重试验比重瓶法部分第 7.2.4 条第 1 款计算比重。

2）确定试验结论。按照《标准》中比重试验比重瓶法部分第 7.2.5 条确定试验结论。

2. 粒径大于 5mm 的土粒比重试验检测——浮称法工作实施

将过 5mm 筛之后筛上的土颗粒取出备用。

（1）工作准备。

1）仪器设备：

a. 浮称天平：称量 2kg，分度值 0.2g；称量 10kg，分度值 1g，用于称量土样的质量和浮质量，如图 2-3-9 所示。

图 2-3-9 浮称天平、铁丝框、盛水容器

b. 铁丝筐、盛水容器：用于配合天平称量土样的浮质量，如图 2-3-9 中液体内所示。铁丝框孔径小于 5mm，直径为 10～15cm，高为 10～20cm，用于在水中盛放及提起土样；盛水容器对应适合铁丝筐沉入。

c. 其他：孔径为 5mm、20mm 的土壤筛、烘箱、温度计。

2）技术资料：①《标准》中比重试验浮称法部分；②浮称法试验记录表。

实操视频：浮称法规范操作

（2）试验方法。

如实填写浮称法试验记录表中的任务单号、试验日期、仪器设备及编号等信息，开始做试验。

【步骤 1】 将浮称天平放置在平整稳固的操作台面上，调平、通电备用。

【步骤 2】 根据标准，取粒径不小于 5mm，且其中粒径大于 20mm 的颗粒含量小于

10%的代表性试样 500～1000g。

【步骤 3】 冲洗试样，直至颗粒表面无尘土和其他污物。

【步骤 4】 将试样浸在水中 24h 后取出，将试样放在湿毛巾上擦干表面，即为饱和面干试样，称取饱和面干试样质量后，立即放入铁丝筐，缓缓浸没于水中，并在水中摇晃，至无气泡逸出时为止；称铁丝筐和试样在水中的总质量。

【步骤 5】 取出试样烘干、称量、记录。

【步骤 6】 称量、记录铁丝筐在水中质量，并测量、记录容器内水的温度，准确至 0.5℃。

（3）试验成果整理。

1）计算土粒比重、干比重和吸着含水率。按照《标准》中比重试验浮称法部分第 7.3.3 条～第 7.3.5 条计算土粒比重、干比重和吸着含水率。

2）本试验应进行两次平行测定，两次测定最大允许差值应为±0.02，试验结果取其算术平均值。

3）计算②A区反滤层土粒的平均比重。按照《标准》中比重试验浮称法部分第 7.3.7 条计算土粒平均比重。

动画：虹吸筒法规范操作

（二）任务 2-3-2②B区反滤层土粒比重检测工作实施

根据《标准》中比重试验部分，需要根据土粒粒径选择比重试验方法。任务 2-3-2 中②B区土料粒径为 5～60mm，取②B区代表性土样 1000～7000g，称量、记录土样质量，再将筛上土样过 20mm 筛，并称量、记录筛上和筛下土粒质量，经计算粒径大于 20mm 的颗粒含量大于 10%，根据《标准》第 7.1.1 条，应采用虹吸筒法检测②B区土粒比重。

1. 工作准备

（1）仪器设备。

图 2-3-10 虹吸筒

虹吸筒如图 2-3-10 所示；台秤：称量 10kg，分度值 1g；量筒：容量大于 2000mL；筛：孔径 5mm、20mm；其他：烘箱、温度计、搅拌棒。

（2）技术资料：①《标准》中比重试验虹吸筒法部分；②虹吸筒法试验记录表。

2. 开展试验

如实填写虹吸筒法试验记录表中的任务单号、试验日期、仪器设备及编号等信息，开始做试验。

【步骤 1】 将天平放置在平整稳固的操作台面上，调平天平，通电备用。

【步骤 2】 取粒径不小于 5mm，且其中粒径不小于 20mm 的颗粒含量大于 10%的代表性试样 1000～7000g。

【步骤 3】 将试样冲洗，直至颗粒表面无尘土和其他污物。

【步骤4】 再将试样浸在水中24h后取出，晾干（或用布擦干）其表面水分，称量。

【步骤5】 注清水入虹吸筒，至管口有水溢出时停止注水。待管口不再有水流出后，关闭管夹，将试样缓缓放入筒中，边放边使用搅拌棒搅拌，至无气泡逸出时为止，搅动时勿使水溅出筒外。

【步骤6】 待虹吸筒中水面平静后，开管夹，让试样排开的水通过虹吸管流入量筒中。

【步骤7】 称量、记录筒与水总质量。测量、记录筒内水的温度，准确至0.5℃。

【步骤8】 取出虹吸筒内试样，烘干、称量、记录。

3. 试验成果整理

（1）计算比重。按照《标准》中比重试验虹吸筒法部分第7.4.3条计算比重。

（2）本试验进行两次平行测定，两次测定的最大允许平均差值应为±0.02。试验结果取其算术平均值。

（3）计算ⓩⒷ区反滤层土粒的平均比重。按照《标准》中比重试验浮称法部分第7.3.7条计算土粒平均比重。

八、评价反馈

微课：比重试验数据处理

1. 为什么土粒粒径不同，测定比重的试验方法也不同?

2. 你认为本试验中哪些地方可以改进?

3. 你是否掌握了比重检测技能呢？请根据表2-3-2进行自我评价，附加分和扣分说明填在备注里。

表2-3-2　　学生自评表

<table>
<tr><td>班　级</td><td></td><td>姓　名</td><td></td><td>学号</td><td colspan="2"></td></tr>
<tr><td>学习任务</td><td colspan="6">比　重　试　验</td></tr>
<tr><td>打分类别</td><td colspan="3">考　核　要　点</td><td>分值</td><td>得分</td><td>备注</td></tr>
<tr><td rowspan="6">常规计分项目</td><td colspan="3">（1）会根据工程情况选择比重检测方法</td><td>15</td><td></td><td></td></tr>
<tr><td colspan="3">（2）天平、台秤等试验仪器选用正确，使用规范</td><td>15</td><td></td><td></td></tr>
<tr><td colspan="3">（3）试验操作规范、准确到位，仪器摆放条理规范</td><td>20</td><td></td><td></td></tr>
<tr><td colspan="3">（4）记录表记录规范、干净整洁</td><td>20</td><td></td><td></td></tr>
<tr><td colspan="3">（5）数据处理正确，比重检测结论准确</td><td>20</td><td></td><td></td></tr>
<tr><td colspan="3">（6）团队配合默契，能展示团队力量</td><td>10</td><td></td><td></td></tr>
<tr><td rowspan="3">附加分</td><td colspan="3">试验仪器工具等有创新想法</td><td>20</td><td></td><td></td></tr>
<tr><td colspan="3">数据处理有创新</td><td>10</td><td></td><td></td></tr>
<tr><td colspan="3">试验精益求精，具有工匠精神</td><td>20</td><td></td><td></td></tr>
<tr><td rowspan="2">扣分</td><td colspan="3">试验中篡改伪造数据</td><td>−100</td><td></td><td></td></tr>
<tr><td colspan="3">不能将组内负责任务完成</td><td>−30</td><td></td><td></td></tr>
<tr><td colspan="5">总　　计</td><td colspan="2"></td></tr>
</table>

九、相关知识点

用比重瓶法测定土粒比重，目前绝大多数试验室都采用烘干土，认为可减少计算中的累计误差，也适合于含有机质、易溶盐、亲水性胶体等的土用中性液体测定。同时认为烘焙对土中胶体的影响并无害处。因此《标准》采用烘干土。但也有人认为试样在高温下烘焙会引起土中胶体的变化，也会引起有机质土中腐殖物烧失，有些有机质含量高的土一经烘干后往往难以重新湿润。对这些土，首先可不预先烘干即做试验，待试验结束后，再测定试样的烘干质量。因此，在实际工作中如遇有某些土用烘干土测定会影响试验成果时，也可采用风干土或天然土用纯水测定，试验结束后，再测定试样的烘干质量。

排气方法。标准中仍选用煮沸法为主，此法简单易行，效果好。如需用中性液体时，则采用真空抽气法。砂土煮沸时砂粒容易跳出，亦允许用真空抽气法代替煮沸法。

《土工试验方法标准》(GB/T 50123—2019) 节选如下。

7　比重试验

7.1　一般规定

7.1.1　按照土粒粒径可分别用下列方法进行比重测定：

1　粒径小于5mm的土，用比重瓶法进行；

2　粒径不小于5mm的土，且其中粒径大于20mm的颗粒含量小于10%时，应用浮称法；粒径大于20mm的颗粒含量不小于10%时，应用虹吸筒法。

7.1.2　一般土粒的比重应用纯水测定；对含有易溶盐、亲水性胶体或有机质的土，应用煤油等中性液体替代纯水测定。

7.2　比重瓶法

7.2.1　本试验所用的仪器设备应符合下列规定：

1　比重瓶：容量100mL或50mL，分长颈和短颈两种；

2　天平：称量200g，分度值0.001g；

3　恒温水槽：最大允许误差应为±1℃；

4　砂浴：应能调节温度；

5　真空抽气设备，真空度−98kPa；

6　温度计：测量范围0℃～50℃，分度值0.5℃；

7　筛：孔径5mm；

8　其他：烘箱、纯水、中性液体、漏斗、滴管。

7.2.2　比重瓶的校准应按下列步骤进行：

1　将比重瓶洗净，烘干，称量两次，准确至0.001g。取其算术平均值，其最大允许平均差值应为±0.002g。

2　将煮沸并冷却的纯水注入比重瓶，对长颈比重瓶，达到刻度为止。对短颈比重瓶，注满水，塞紧瓶塞，多余水自瓶塞毛细管中溢出。移比重瓶入恒温水槽。待瓶内水温稳定后，将瓶取出，擦干外壁的水，称瓶、水总质量，准确至0.001g。测定两次，取其算术平均值，其最大允许平行差值应为±0.002g。

3　将恒温水槽水温以5℃级差调节，逐级测定不同温度下的瓶、水总质量。

4　以瓶、水总质量为横坐标，温度为纵坐标，绘制瓶、水总质量与温度的关系曲线。

7.2.3　比重瓶法试验应按下列步骤进行：

1　将比重瓶烘干。当使用100mL比重瓶时，应称粒径小于5mm的烘干土15g装入；当使用50mL比重瓶时，应称粒径小于5mm的烘干土12g装入。

2　可采用煮沸法或真空抽气法排除土中的空气。向已装有干土的比重瓶注入纯水至瓶的一半处，摇动比重瓶，将瓶放在砂浴上煮沸，煮沸时间自悬液沸腾起砂土不得少于30min，细粒土不得少于1h。煮沸时应注意不使土液溢出瓶外。

3　将纯水注入比重瓶，当采用长颈比重瓶时，注水至略低于瓶的刻度处；当采用短颈比重瓶时，应注水至近满，有恒温水槽时，可将比重瓶放于恒温水槽内。待瓶内悬液温度稳定及瓶上部悬液澄清。

4　当采用长颈比重瓶时，用滴管调整液面恰至刻度处，以弯液面下缘为准，擦干瓶外及瓶内壁刻度以上部分的水，称瓶、水、土总质量；当采用短颈比重瓶时，塞好瓶塞，使多余水分自瓶塞毛细管中溢出，将瓶外水分擦干后，称瓶、水、土总质量。称量后应测定瓶内水的温度。

5　根据测得的温度，从已绘制的温度与瓶、水总质量关系中查得瓶、水总质量。

6　当土粒中含有易溶盐、亲水性胶体或有机质时，测定其土粒比重应用中性液体代替纯水，用真空抽气法代替煮沸法，排除土中空气。抽气时真空度应接近一个大气负压值（−98kPa），抽气时间可为1h～2h，直至悬液内无气泡逸出时为止。其余步骤应按本标准第7.2.3条第3款～第5款的规定进行。

7　本试验称量应准确至0.001g，温度应准确至0.5℃。

7.2.4　土粒比重应按下列公式计算：

1　用纯水测定时：

$$G_s=\frac{m_d}{m_{bw}+m_d-m_{bws}}G_{wT} \tag{7.2.4-1}$$

式中：m_{bw}——比重瓶、水总质量（g）；

m_{bws}——比重瓶、水、干土总质量（g）；

G_{wT}——T℃时纯水的比重（可查物理手册），准确至0.001。

2　用中性液体测定时：

$$G_s=\frac{m_d}{m_{bk}+m_d-m_{bks}}G_{kT} \tag{7.2.4-2}$$

式中：m_{bk}——瓶、中性液体总质量（g）；

m_{bks}——瓶、中性液体、干土总质量（g）；

G_{kT}——T℃时中性液体的比重（实测得），准确至0.001。

7.2.5　本试验应进行2次平行测定，试验结果取其算术平均值，其最大允许平行差值应为±0.02。

7.2.6　本试验记录格式应符合本标准附录D表D.6的规定。

表 D.6 **比重试验记录表(比重瓶法)**

任务单号		试验环境	
试验日期		试验者	
试验标准		校核者	
烘箱编号		天平编号	

试样编号	比重瓶号	温度(℃)	液体比重 G_{kT}	干土质量 m_d(g)	比重瓶、液总质量 m_{bk}(g)	比重瓶、液、土总质量 m_{bks}(g)	与干土同体积的液体质量(g)	比重 G_s	平均比重 $\overline{G}_s$	备注
		(1)	(2)	(3)	(4)	(5)	(6)=(3)+(4)−(5)	$(7)=\frac{(3)}{(6)}\times(2)$		

7.3 浮称法

7.3.1 本试验所用的仪器设备应符合下列规定：

1 铁丝筐：孔径小于5mm，直径为10cm～15cm，高为10cm～20cm；

2 盛水容器：适合铁丝筐沉入；

3 浮称天平或秤：称量2kg，分度值0.2g；称量10kg，分度值1g；

4 筛：孔径为5mm、20mm；

5 其他：烘箱、温度计。

7.3.2 浮称法试验应按下列步骤进行：

1 取粒径不小于5mm，且其中粒径大于20mm的颗粒含量小于10%的代表性试样500g～1000g，当采用秤称时，称取1kg～2kg；

2 冲洗试样，直至颗粒表面无尘土和其他污物；

3 将试样浸在水中24h后取出，将试样放在湿毛巾上擦干表面，即为饱和面干试样，称取饱和面干试样质量后，立即放入铁丝筐，缓缓浸没于水中，并在水中摇晃，至无气泡逸出时为止；

4 称铁丝筐和试样在水中的总质量（图7.3.2）；

5 取出试样烘干、称量；

6 称铁丝筐在水中质量，并应测量容器内水的温度，准确至0.5℃；

7 本试验称量应准确至0.2g。

7.3.3 土粒比重应按下式计算：

$$G_s=\frac{m_d}{m_d-(m_{ks}-m_k)}G_{wT} \qquad (7.3.3)$$

式中：m_{ks}——试样加铁丝筐在水中总质量（g）；

m_k——铁丝筐在水中质量（g）。

7.3.4 干比重应按下式计算：

$$G_s'=\frac{m_d}{m_b-(m_{ks}-m_k)}G_{wT} \qquad (7.3.4)$$

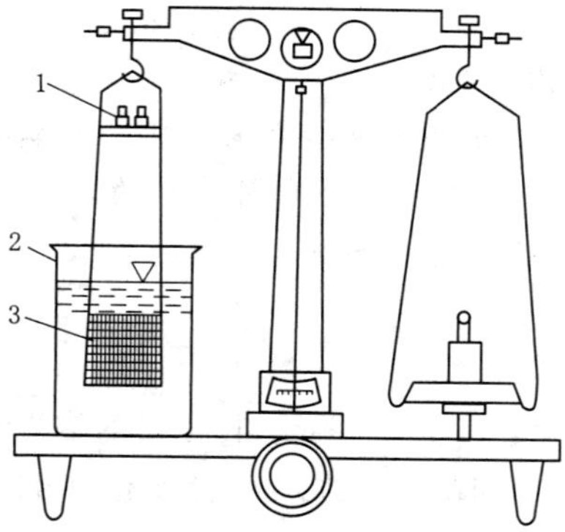

图7.3.2 浮称天平

1—调天平平衡砝码盘；2—盛水容器；3—盛粗粒土的铁丝框

式中：m_b——饱和面干试样质量（g）。

7.3.5　吸着含水率应按下式计算：

$$\omega_{ab}=\left(\frac{m_b}{m_d}-1\right)\times 100 \tag{7.3.5}$$

式中：ω_{ab}——吸着含水率（%），计算至0.1%。

7.3.6　本试验应进行两次平行测定，两次测定最大允许差值应为±0.02，试验结果取其算术平均值。

7.3.7　土粒平均比重应按下式计算：

$$G_s=\frac{1}{\frac{P_5}{G_{s1}}+\frac{1-P_5}{G_{s2}}} \tag{7.3.7}$$

式中：P_5——粒径大于5mm的土粒占总质量的含量，以小数计；

G_{s1}——粒径大于5mm的土粒的比重；

G_{s2}——粒径小于5mm的土粒的比重。

7.3.8　本试验记录格式应符合本标准附录D表D.7的规定。

表D.7　**比重试验记录表(浮称法)**

任务单号					试验者				
试验日期					计算者				
天平编号					校核者				
烘箱编号									
试样编号	温度(℃)	水的比重 G_{wT}	烘干土质量 m_d(g)	铁丝筐加试样在水中质量 m_{ks}(g)	铁丝筐在水中质量 m_k(g)	试样在水中质量(g)	比重 G_s	平均比重 $\overline{G}_s$	备注
	(1)	(2)	(3)	(4)	(5)	(6)=(4)−(5)	$(7)=\frac{(3)\times(2)}{(3)-(6)}$		

7.4　虹吸筒法

7.4.1　本试验所用的仪器设备应符合下列规定：

1　虹吸筒（图7.4.1）；

2　台秤：称量10kg，分度值1g；

3　量筒：容量大于2000mL；

4　筛：孔径5mm、20mm；

5　其他：烘箱、温度计、搅拌棒。

7.4.2　虹吸筒法试验应按下列步骤进行：

1　取粒径不小于5mm，且其中粒径不小于20mm的颗粒含量大于10%的代表性试样1000g～7000g；

2　将试样冲洗，直至颗粒表面无尘土和其他污物；

3　再将试样浸在水中24h后取出，晾干（或用布擦干）其表面水分，称量；

4　注清水入虹吸筒，至管口有水溢出时停止注水。待管口不再有水流出后，关闭管夹，将试样缓缓放入筒中，边放边使用搅拌棒搅拌，至无气泡逸出时为止，搅动时勿使水溅出筒外；

5　待虹吸筒中水面平静后，开管夹，让试样排开的水通过虹吸管流入量筒中；

6　称量筒与水总质量。测量筒内水的温度，准确至0.5℃；

7　取出虹吸筒内试样，烘干、称量；

8　本试验称量应准确至1g。

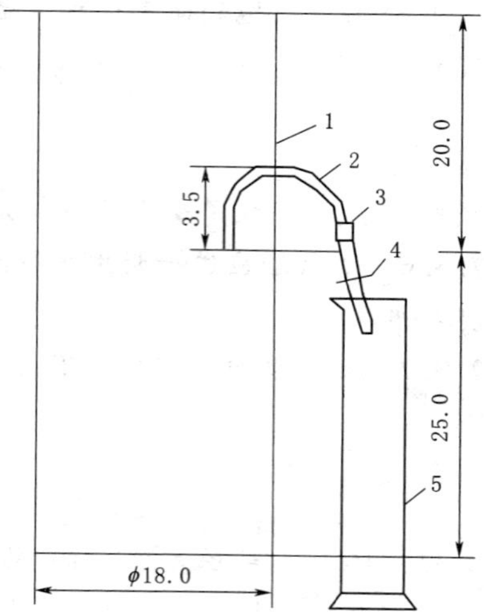

图7.4.1　虹吸筒（单位：cm）
1—虹吸筒；2—虹吸管；3—橡皮管；4—管夹；5—量筒

7.4.3　比重应按下式计算：

$$G_s=\frac{m_d}{(m_{cw}-m_c)-(m_{ad}-m_d)}G_{wT} \qquad (7.4.3)$$

式中：m_{cw}——量筒加排开水总质量（g）；

m_c——量筒质量（g）；

m_{ad}——晾干试样质量（g）。

7.4.4　本试验应进行两次平行测定，两次测定的最大允许平均差值应为±0.02。取其算术平均值。

7.4.5　平均比重应按本标准式（7.3.7）计算。

7.4.6　本试验的记录格式应符合本标准附录D表D.8的规定。

表D.8　　**比重试验记录表（虹吸筒法）**

任务单号						试验者				
试验日期						计算者				
试验标准						校核者				
烘箱编号						天平编号				
试样编号	温度（℃）	水的比重 G_{wT}	烘干土质量 m_d(g)	晾干土质量 m_{ad}(g)	量筒质量 m_c(g)	量筒加排开水质量 m_{cw}(g)	排开水质量（g）	吸着水质量（g）	比重 G_s	平均比重 $\overline{G}_s$	备注
	(1)	(2)	(3)	(4)	(5)	(6)	(7)=(6)−(5)	(8)=(4)−(3)	$(9)=\frac{(3)\times(2)}{(7)\times(8)}$		

课前学生任务单

项目名称	项目二　土工试验		
任务名称	任务三　比重试验		
任务分组			
班　　级		组　　号	
姓　　名		学　　号	
组长姓名		指导老师	
任务分工	试　　验	计　　算	校　　核
负责人1			
负责人2			

任　务　目　标

1. 巩固比重的概念。
2. 掌握不规则物体体积的求取方法及原理。
3. 会根据工程情况选择比重试验检测方法

学　习　步　骤

1. 比重的概念是什么？
2. 比重的计算公式是什么？
3. 根据比重的计算公式，思考比重试验检测的核心是解决什么问题。
4. 不规则物体体积的求取方法有哪些？
5. 回顾曹冲称象的故事，思考曹冲称取大象质量的原理。

比重试验记录表(比重瓶法)

工程名称		取样部位	
委托单位		试样描述	
任务单号		试验日期	
仪器设备及编号		试验依据	
试验环境		试验描述	

试样编号	比重瓶号	温度/℃	液体比重	瓶质量/g	瓶+干土质量/g	干土质量/g	瓶+液质量/g	瓶、液+土质量/g	比重	平均比重
		(1)	(2)	(3)	(4)	(5)	(6)	(7)	(8)	
			查表			(4)－(3)			$\frac{(2)(5)}{(5)+(6)+(7)}$	

试验：　　　　计算：　　　　校核：

比重试验记录表(浮称法)

工程名称		取样部位	
委托单位		试样描述	
任务单号		试验日期	
仪器设备及编号		试验依据	
试验环境		试验描述	

试样编号	温度/℃	液体比重	烘干土质量/g	铁丝框加试样在水中质量/g	铁丝框在水中质量/g	试样在水中质量/g	比重	平均比重

试验：　　　　　　　　　　计算：　　　　　　　　　　校核：

比重试验记录表(虹吸筒法)

工程名称		取样部位	
委托单位		试样描述	
任务单号		试验日期	
仪器设备及编号		试验依据	
试验环境		试验描述	

试样编号	量筒号	温度/℃	液体比重	饱和面干质量/g	干土质量/g	量筒质量/g	量筒+排开水质量/g	排开水质量/g	吸着水质量/g	比重	平均比重

试验： 计算： 校核：

活　页　宝　典

课程名称		任课教师	
班级姓名		学　　号	
项目名称		任务名称	
活页笔记			
思维导图			
创新点			
活页测评			

任务四 颗粒分析试验

一、工作任务

小浪底大坝为黏土斜心墙土石坝，横断面图如图 2-1-1 所示，坝体各区所采用的土石材料中有机质含量均小于 5%。图中①区为黏土心墙，是小浪底大坝的主防渗线之一，心墙的防渗性效果直接关系到大坝的安全。图中②A 和②B 区为反滤层，作用是防止渗流带走心墙黏土粒，防止坝体发生渗透破坏。请根据《标准》中颗粒分析试验节选完成以下任务。

任务 2-4-1：心墙越密实防渗效果越好，心墙土料的颗粒级配越好碾压之后越密实，所以施工之前需要检测心墙料的颗粒级配情况，级配良好的土料才能用于施工，请检测心墙土料的颗粒级配。

任务 2-4-2：反滤层的反滤效果与其颗粒级配情况密切相关，所以施工之前需要检测反滤料的颗粒级配情况，级配良好的土料才能用于施工。②A 区采用 0.1～20mm 土料，②B 区采用 5～60mm 土料，请测定②A 区和②B 区反滤层土料的颗粒级配。

二、工作目标

（1）测定心墙土料的颗粒级配。

（2）测定②A②B 区反滤料的颗粒级配。

微课：颗分试验工程意义

微课：颗分试验方法原理

三、任务分组

表 2-4-1 任务分组表

班级		组号	
姓名		学号	
组长姓名		指导老师	
任务分工	试验	计算	校核
负责人 1			
负责人 2			

四、引导问题

1. 什么是土的颗粒级配？

2. 筛析法适用于粒径为＿＿＿＿＿mm 的土；密度计法适用于粒径小于＿＿＿＿mm 的土；移液管法适用于粒径小于＿＿＿＿＿mm 的土。

3. 当土中粗细颗粒兼有时，应联合使用＿＿＿法和＿＿＿计法或＿＿＿和＿＿＿＿法。

五、工作计划

（一）课前

（1）回顾颗粒级配概念。

（2）回顾普通直角坐标系。

（3）巩固半对数直角坐标系。

（4）思考筛析法原理。

（5）了解密度计及其原理。

（6）风干土样，为颗粒级配试验做准备。

（二）课中

（1）阅读《标准》中颗粒级配试验部分，根据工作任务选择试验方法，并进行小组任务分工。

（2）根据试验方法进行工作准备。

（3）进行试验并做好试验记录。

（4）进行数据处理。

（5）在活页宝典中记录发现的问题。

（6）填写学生自评表进行自我评价，并向老师反馈试验中发现的问题。

（三）课后

（1）用思维导图归纳总结颗粒分析试验。

（2）记录试验中的创新想法。

六、进度决策

熟读《标准》中颗粒分析试验部分，理解《标准》内容，讨论如何选择颗分试验的方法。结合工程情况，小组充分讨论确定试验方法。规范操作完成试验。根据自评表逐项检查进行自评，及时反馈试验中发现的问题。最后总结归纳颗粒分析试验，并用思维导图记录在活页宝典中。详细步骤及各步骤参考时间如下：

工作准备（工具、记录表、电子规范）（5min）→确定试验方法（15min）。

筛析法：取样称量（5min）→叠筛（5min）→倒土摇筛（20min）→称量、记录（20min）→计算绘图（30min）。

密度计法：取样称量（5min）→加水浸泡（12h）→煮沸排气（60min）→冷却（30min）→过洗筛入量筒（40min）→加分散剂（2min）→加水滴定至1000ml（5min）→搅拌（1min）→放温度计记录读数（0.5min、1min、2min、5min、15min、30min、60min、120min、180min和1440min）。

七、工作实施

（一）任务2-4-1心墙土料颗粒级配检测工作实施

根据《标准》中颗粒级配试验部分第8.1.2条，需要根据土粒粒径选择颗粒级配试验方法，筛析法适用于粒径为0.075～60mm的土；密度计法适用于粒径小于0.075mm的土；移液管法适用于粒径小于 0.075mm 的土；当土中粗细颗粒兼有时，应联合使用筛析法和密度计法或筛析法和移液管法。先将土料风干碾散，因为心墙土料为黏性土，粒径基本都在 0.075mm 以下，所以取 100～300g 代表性土样，称量记录土样质量，然后将土料过 0.075mm 筛，将筛上和筛下土料分别收集并称量、记录其质量，再将筛上土样用筛析法进行颗粒分析，筛下土样用密度计法进行颗粒分析，最后将筛析法和密度计法颗粒分析试验的结果综合得到心墙土料的颗粒级配。实际操作过程中发现心墙土料中粒径大于 0.075mm 的土颗粒很少，小于总土质量的 2%，所以粒径大于 0.075mm 的土样不再用筛析法进行颗粒分析试验，只对粒径小于 0.075mm 的土样用密度计法进行颗粒分析试验。

1. 工作准备

(1) 仪器设备

1) 乙种密度计：标准规定使用甲种和乙种密度计都可以，根据试验者习惯本任务采用乙种密度计，刻度单位以 20℃时悬液的比重表示，刻度为 0.995～1.020，分度值为 0.0002，如图 2-4-1 所示。

2) 天平：称量 200g，分度值 0.01g。

3) 量筒：高约 45cm，直径约 6cm，容积 1000mL。刻度为 0～1000mL，分度值为 10mL，如图 2-4-2 所示。

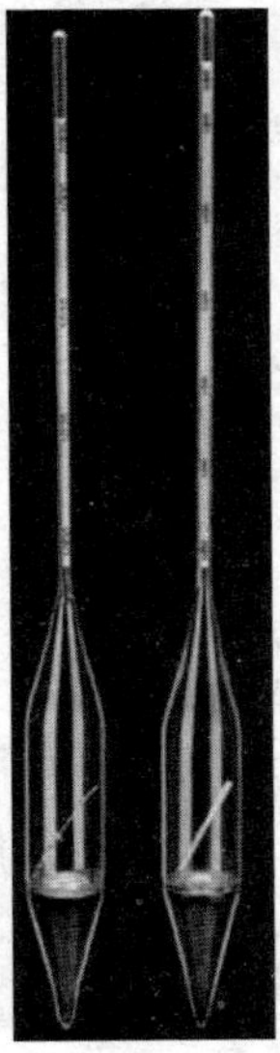

图 2-4-1　乙种密度计

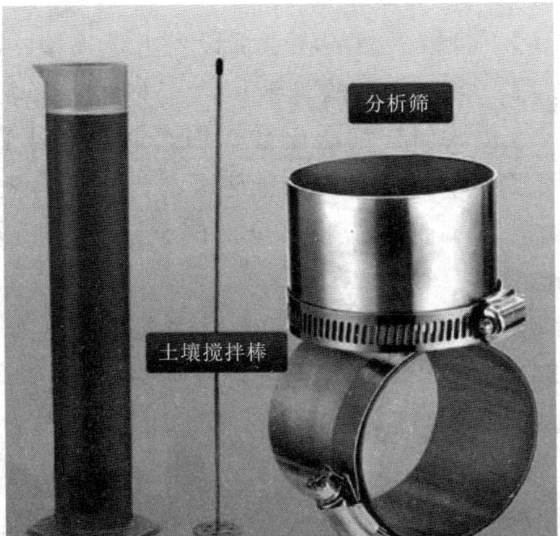

图 2-4-2　量筒 (1000mL)、搅拌器、洗筛

4) 搅拌器：轮径 50mm，孔径约 3mm；杆长约 400mm，带旋转叶，如图 2-4-2 所示。

5) 洗筛：孔径 0.075mm，如图 2-4-2 所示。

6) 温度计：刻度 0～50℃，分度值 0.5℃。

7) 洗筛漏斗：直径略大于洗筛直径，使洗筛恰可套入漏斗中。

8）煮沸设备：附冷凝管。

9）其他：秒表、锥形瓶、研钵、木杵、电导率仪。

动画：密度计法规范操作

（2）技术资料：①《标准》中颗粒分析试验密度计法部分；②密度计法试验记录表。

2. 开展试验

如实填写密度计法试验记录表中的任务单号、试验日期、仪器设备及编号等信息，开始做试验。

【步骤1】 取风干土样，测定风干含水率，并碾散备用。

【步骤2】 将天平放置在平整稳固的操作台面上，调平天平，通电备用。

【步骤3】 按照《标准》中颗粒分析试验密度计法部分第8.3.3条第1款计算试样干质量为30g时所需的风干土质量。

【步骤4】 判断是否需要洗盐。根据《标准》，试样中易溶盐含量大于总质量的0.5%时，应洗盐。易溶盐含量检验可用电导法或目测法，本任务采用目测法，具体操作为取风干试样3g于烧杯中，加适量纯水调成糊状研散，再加纯水25mL煮沸10min冷却后移入试管中，放置过夜，观察试管。《标准》第8.3.3条第2款第2项规定当出现凝聚现象时应洗盐。本任务中经观察土样未出现凝聚现象所以不用洗盐。

【步骤5】 称干质量为30g的风干试样倒入锥形瓶中，勿使土粒丢失。注入水200mL，浸泡约12h。

【步骤6】 将锥形瓶放在煮沸设备上，连接冷凝管进行煮沸。煮沸时间约为1h。

【步骤7】 将冷却后的悬液倒入瓷杯中，静置约1min，将上部悬液倒入量筒。杯底沉淀物用带橡皮头研杵细心研散，加水，经搅拌后，静置约1min，再将上部悬液倒入量筒。如此反复操作，直至杯内悬液澄清为止。当土中粒径大于0.075mm的颗粒大致超过试样总质量的15%时，应将其全部倒至0.075mm筛上冲洗，直至筛上仅留大于0.075mm的颗粒为止。

【步骤8】 将留在洗筛上的颗粒洗入蒸发皿内，倾去上部清水，烘干称量，应按《标准》第8.2.2条第2款的规定进行细筛筛析。

【步骤9】 将过筛悬液倒入量筒，加4%浓度的六偏磷酸钠约10mL于量筒溶液中，再注入纯水，使筒内悬液达1000mL。若加入六偏磷酸钠后土样产生凝聚，应选用其他分散剂。

【步骤10】 用搅拌器在量筒内沿整个悬液深度上下搅拌约1min，往复各约30次，使悬液内土粒均匀分布，搅拌时勿使悬液溅出筒外。

【步骤11】 取出搅拌器，将密度计放入悬液中同时开动秒表。测经0.5min、1min、2min、5min、15min、30min、60min、120min、180min和1440min时的密度计读数。每次读数都在预定时间前10～20s将密度计小心地放入悬液接近读数的深度，并应将密度计浮泡保持在量筒中部位置，不贴近筒壁。密度计读数均以弯液面上缘为准，因采用乙种密度计，所以准确至0.0002。每次读数完毕立即取出密度计放入盛有纯水的量筒中。并测定各相应的悬液温度，准确至0.5℃。放入或取出密度计时，尽量减少悬液的扰动。

3. 试验成果整理

（1）计算百分含量。按照《标准》颗粒分析试验密度计法部分第 8.3.4 条第 2 款计算小于某粒径的试样质量占试样总质量百分数。

（2）计算粒径。按照《标准》中颗粒分析试验密度计法部分第 8.3.5 条计算粒径。

（3）绘图。以小于某粒径的土质量百分数为纵坐标，粒径为横坐标，在单对数横坐标上绘制颗粒大小分布曲线。

（二）任务 2-4-2 检测工作实施

根据《标准》中颗粒级配试验部分，需要根据土粒粒径选择颗粒分析试验方法，筛析法适用于粒径为 0.075～60mm 的土，任务 2-4-2 中②A区采用 0.1～20mm 土料，②B区采用 5～60mm 土料，所以任务 2-4-2 采用筛析法进行颗粒分析试验。

1. 工作准备

（1）仪器设备

1）试验筛：应符合现行国家标准《试验筛　技术要求和检验　第 1 部分：金属丝编织网试验筛》（GB/T 6003.1—2012）的规定。

2）粗筛：孔径为 60mm、40mm、20mm、10mm、5mm、2mm，如图 2-4-3 所示。

图 2-4-3　粗筛

3）细筛：孔径为 2.0mm、1.0mm、0.5mm、0.25mm、0.1mm、0.075mm，如图 2-4-4 所示。

4）天平：称量 1000g，分度值 0.1g；称量 200g，分度值 0.01g。

5）台秤：称量 5kg，分度值 1g。

6）振筛机：应符合现行行业标准《实验室用标准筛振荡机技术条件》（DZ/T 0118—1994）的规定，如图 2-4-5 所示。

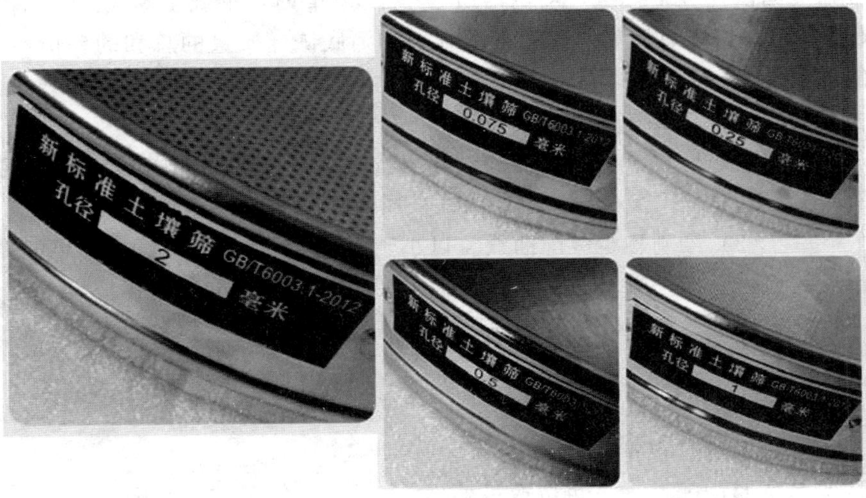

图 2-4-4　细筛

7）烘箱、量筒、漏斗、瓷杯、附带橡皮头研杵的研钵、瓷盘、毛刷、匙、木碾。

动画：筛析法规范操作

（2）技术资料：①《标准》颗粒分析试验筛析法部分；②筛析法试验记录表。

2. 开展试验

如实填写比重瓶法试验记录表中的任务单号、试验日期、仪器设备及编号等信息，开始做试验。

【步骤1】 取风干土样，碾散备用。

【步骤2】 将天平放置在平整稳固的操作台面上，调平天平，通电备用。

图 2-4-5 振筛机

【步骤3】 四分法取代表性试样。②Ⓐ区土料粒径为0.1～20mm，根据标准最大粒径小于20mm的土应取1000～2000g，应准确至1g。

【步骤4】 将试样过2mm细筛，称量、记录筛上和筛下土质量。

【步骤5】 经计算②Ⓐ区土料中，2mm筛下的土大于试样总质量的10%，2mm筛上的土也大于试样总质量的10%，所以需要细筛筛析和粗筛筛析都进行，最后综合粗、细筛筛析结果得到②Ⓐ区土料的整体颗粒级配。而②Ⓑ区土粒粒径为5～60mm，最小粒径大于2mm，所以只需要进行粗筛筛析即可。

【步骤6】 取2mm筛上试样倒入依次叠好的粗筛的最上层筛中；取2mm筛下试样倒入依次叠好的细筛最上层筛中，进行筛析。细筛宜放在振筛机上震摇，震摇时间应为10～15min。

【步骤7】 由最大孔径筛开始，顺序将各筛取下，在白纸上用手轻叩摇晃筛，当仍有土粒漏下时，应继续轻叩摇晃筛，至无土粒漏下为止。漏下的土粒应全部放入下级筛内。并将留在各筛上的试样分别称量，当试样质量小于500g时，准确至0.1g。

【步骤8】 筛前试样总质量与筛后各级筛上和筛底试样质量的总和的差值不得大于试样总质量的1%。

动画：颗分试验数据处理

3. 试验成果整理

（1）计算小于某粒径的试样质量占试样总质量百分数。根据《标准》第8.2.3条，计算小于某粒径的试样质量占试样总质量百分数。

（2）绘制颗粒级配曲线。以小于某粒径的试样质量占试样总质量的百分数为纵坐标，颗粒粒径为横坐标，在单对数坐标上绘制颗粒大小分布曲线。

（3）计算级配指标。根据《标准》第8.2.5条计算不均匀系数和曲率系数 C_u、C_c。

八、评价反馈

1. 你认为本试验的难点是什么？
2. 你认为本试验中哪些地方可以改进？
3. 请按表2-4-2对本试验掌握情况进行自我评价。

表 2-4-2　　学生自评表

班　级		姓　名		学号		
学习任务	颗粒分析试验					
打分类别	考核要点			分值	得分	备注
常规计分项目	（1）不怕脏、不怕苦、不怕累的劳动精神（需要时敢于动手摸土，不怕尘土飞扬，缩分取土规范，不怕繁琐和辛苦）			15		
	（2）试验操作中求真务实、细致严谨、精益求精			10		
	（3）会根据土样情况选择试验方法			10		
	（4）天平等试验仪器选用正确，使用规范			10		
	（5）试验操作准确到位，仪器摆放条理规范			15		
	（6）记录表记录真实、计算准确、干净整洁（如若数据处理误差超限，试验重做）			15		
	（7）级配曲线正确，不均匀系数和曲率系数计算正确			15		
	（8）团队配合默契，能展示团队力量			10		
附加分	高级：全土颗分			20		
	中级：会筛析法＋密度计法			0		
	创新：如计算机计算和绘图（需提供有力的证明材料或现场显示）			20		
扣分	一旦发现试验中篡改伪造数据本项目 0 分计			－100		
	不能将组内负责任务完成			－30		
总　计						

九、相关知识点

关于密度计法过筛次序问题，试样过 0.075mm 洗筛的步骤，有的主张在分析前进行，有的主张在分析后进行。分析前过筛的理由是：①根据一般文献规定；②考虑土中粒径大于 0.075mm 的土粒过多时，如不先过筛，则在沉降过程中粗粒互相碰撞，将会引起悬液扰动，且当粗粒下沉时易将细粒曳带一起下沉，影响分析结果的准确性。分析后过筛的理由是：①在操作上可以省去一些繁杂的冲洗手续；②在筛上经过反复冲洗，易使土粒损失，这些均能影响结果。

以上两种主张都有根据，但也都有缺点。因此，为了提高效率而又确保质量，《标准》规定：如土中粒径大于 0.075mm 的颗粒含量约超过试样总量的 15%时，应将其全部倒至 0.075mm 筛上冲洗，至筛上仅留粒径大于 0.075mm 的颗粒为止。反之，可不经过筛冲洗，直接全部倒入量筒。但在试验程序中应妥为安排，以免混乱，发生错误。

《土工试验方法标准》（GB/T 50123—2019）节选如下。

8　颗粒分析试验

8.1　一般规定

8.1.1　本试验方法分为筛析法、密度计法、移液管法。

8.1.2 本试验根据土的颗粒大小及级配情况，可分别采用下列4种方法：

1 筛析法：适用于粒径为0.075mm～60mm的土；

2 密度计法：适用于粒径小于0.075mm的土；

3 移液管法：适用于粒径小于0.075mm的土；

4 当土中粗细兼有时，应联合使用筛析法和密度计法或筛析法和移液管法。

8.2 筛析法

8.2.1 本试验所用的仪器设备应符合下列规定：

1 试验筛：应符合现行国家标准《试验筛 技术要求和检验 第1部分：金属丝编织网试验筛》GB/T 6003.1的规定；

2 粗筛：孔径为60mm、40mm、20mm、10mm、5mm、2mm；

3 细筛：孔径为2.0mm、1.0mm、0.5mm、0.25mm、0.1mm、0.075mm；

4 天平：称量1000g，分度值0.1g；称量200g，分度值0.01g；

5 台秤：称量5kg，分度值1g；

6 振筛机：应符合现行行业标准《实验室用标准筛振荡机技术条件》DZ/T 0118的规定；

7 其他：烘箱、量筒、漏斗、瓷杯、附带橡皮头研杵的研钵、瓷盘、毛刷、匙、木碾。

8.2.2 筛析法试验应按下列步骤进行：

1 从风干、松散的土样中，用四分法按下列规定取出代表性试样：

1）粒径小于2mm的土取100g～300g；

2）最大粒径小于10mm的土取300g～1000g；

3）最大粒径小于20mm的土取1000g～2000g；

4）最大粒径小于40mm的土取2000g～4000g；

5）最大粒径小于60mm的土取4000g以上。

2 砂砾土筛析法应按下列步骤进行：

1）应按本标准第8.2.2条第1款规定的数量取出试样，称量应准确至0.1g；当试样质量大于500g时，应准确至1g；

2）将试样过2mm细筛，分别称出筛上和筛下土质量；

3）若2mm筛下的土小于试样总质量的10%，则可省略细筛筛析。若2mm筛上的土小于试样总质量的10%，则可省略粗筛筛析；

4）取2mm筛上试样倒入依次叠好的粗筛的最上层筛中；取2mm筛下试样倒入依次选好的细筛最上层筛中，进行筛析。细筛宜放在振筛机上震摇，震摇时间应为10min～15min；

5）由最大孔径筛开始，顺序将各筛取下，在白纸上用手轻叩摇晃筛，当仍有土粒漏下时，应继续轻叩摇晃筛，至无土粒漏下为止。漏下的土粒应全部放入下级筛内。并将留在各筛上的试样分别称量，当试样质量小于500g时，准确至0.1g；

6）筛前试样总质量与筛后各级筛上和筛底试样质量的总和的差值不得大于试样总质量的1%。

3　含有黏土粒的砂砾土应按下列步骤进行：

1）将土样放在橡皮板上用土碾将黏结的土团充分碾散，用四分法取样，取样时应按本标准第8.2.2条第1款的规定称取代表性试样，置于盛有清水的瓷盆中，用搅棒搅拌，使试样充分浸润和粗细颗粒分离；

2）将浸润后的混合液过2mm细筛，边搅拌边冲洗边过筛，直至筛上仅留大于2mm的土粒为止。然后将筛上的土烘干称量，准确至0.1g。应按本标准第8.2.2条第2款第3项、第4项的规定进行粗筛筛析；

3）用带橡皮头的研杵研磨粒径小于2mm的混合液，待稍沉淀，将上部悬液过0.075mm筛。再向瓷盆加清水研磨，静置过筛。如此反复，直至盆内悬液澄清。最后将全部土料倒在0.075mm筛上，用水冲洗，直至筛上仅留粒径大于0.075mm的净砂为止；

4）将粒径大于0.075mm的净砂烘干称量，准确至0.01g。并应按本标准第8.2.2条第2款第3项、第4项的规定进行细筛筛析；

5）将粒径大于2mm的土和粒径为2mm～0.075mm的土的质量从原取土总质量中减去，即得粒径小于0.075mm的土的质量；

6）当粒径小于0.075mm的试样质量大于总质量的10%时，应按密度计法或移液管法测定粒径小于0.075mm的颗粒组成。

8.2.3　小于某粒径的试样质量占试样总质量百分数应按下式计算：

$$X=\frac{m_A}{m_B}d_x \tag{8.2.3}$$

式中：X——小于某粒径的试样质量占试样总质量的百分数（%）；

m_A——小于某粒径的试样质量（g）；

m_B——当细筛分析时或用密度计法分析时所取试样质量（粗筛分析时则为试样总质量）（g）；

d_x——粒径小于2mm或粒径小于0.075mm的试样质量占总质量的百分数（%）。

8.2.4　以小于某粒径的试样质量占试样总质量的百分数为纵坐标，颗粒粒径为横坐标，在单对数坐标上绘制颗粒大小分布曲线。

8.2.5　级配指标不均匀系数C_u和曲率系数C_c应按下列公式计算：

1　不均匀系数：

$$C_u=\frac{d_{60}}{d_{10}} \tag{8.2.5-1}$$

式中：C_u——不均匀系数；

d_{60}——限制粒径（mm），在粒径分布曲线上小于该粒径的土含量占总土质量的60%的粒径；

d_{10}——有效粒径（mm），在粒径分布曲线上小于该粒径的土含量占总土质量的10%的粒径。

2　曲率系数：

$$C_c=\frac{d_{30}^2}{d_{60}d_{10}} \tag{8.2.5-2}$$

式中：C_c——曲率系数；

d_{30}——在粒径分布曲线上小于该粒径的土含量占总土质量的30%的粒径（mm）。

8.2.6 本试验的记录格式应符合本标准附录D表D.9的规定。

表D.9 颗粒分析试验记录表（筛析法）

任务单号		试验者			
试验日期		计算者			
烘箱编号		校核者			
试样编号		天平编号			
风干土质量=________g 2mm筛上土质量=________g 2mm筛下土质量=________g		小于0.075mm的土占总土质量百分数 X=________% 小于2mm的土占总土质量百分数 X=________% 细筛分析时所取试样质量 m_B=________g			
试验筛编号	孔径（mm）	累积留筛土质量（g）	小于某粒径的试样质量 m_A（g）	小于某粒径的试样质量百分数（%）	小于某孔径的试样质量占试样总质量的百分数 X（%）
底盘总计					

8.3 密度计法

8.3.1 本试验所用的仪器设备应符合下列规定：

1 密度计应符合下列规定：

1）甲种：刻度单位以20℃时每1000mL悬液内所含土质量的克数表示，刻度为−5～50，分度值为0.5；

2）乙种：刻度单位以20℃时悬液的比重表示，刻度为0.995～1.020，分度值为0.0002。

2 量筒：高约45cm，直径约6cm，容积1000mL。刻度为0mL～1000mL，分度值为10mL；

3 试验筛应符合下列规定：

1）细筛：孔径2mm、1mm、0.5mm、0.25mm、0.15mm；

2）洗筛：孔径0.075mm。

4　天平：称量200g，分度值0.01g；

5　温度计：刻度0℃～50℃，分度值0.5℃；

6　洗筛漏斗：直径略大于洗筛直径，使洗筛恰可套入漏斗中；

7　搅拌器：轮径50mm，孔径约3mm；杆长约400mm，带旋转叶；

8　煮沸设备：附冷凝管；

9　其他：秒表、锥形瓶、研钵、木杵、电导率仪。

8.3.2　试剂应符合下列规定：

1　分散剂：浓度4%六偏磷酸钠，6%双氧水，1%硅酸钠；

2　水溶盐检验试剂：10%盐酸，5%氯化钡，10%硝酸，5%硝酸银。

8.3.3　密度计法试验应按下列步骤进行：

1　宜采用风干土试样，并应按下式计算试样干质量为30g时所需的风干土质量：

$$m_0 = m_d(1 + 0.01\omega_0) \tag{8.3.3-1}$$

式中：ω_0——风干土含水率（%）。

2　试样中易溶盐含量大于总质量的0.5%时，应洗盐。易溶盐含量检验可用电导法或目测法：

1）电导法应按电导率仪使用说明书操作，测定温度T℃时试样溶液（土水比1∶5）的电导率，20℃时的电导率应按下式计算：

$$K_{20} = \frac{K_T}{1 + 0.02(T - 20)} \tag{8.3.3-2}$$

式中：K_{20}——20℃时悬液的电导率（μS/cm）；

K_T——T℃时悬液的电导率（μS/cm）；

T——测定时悬液的温度（℃）。

当$K_{20} > 1000$μS/cm时，应洗盐。

2）目测法应取风干试样3g于烧杯中，加适量纯水调成糊状研散，再加纯水25mL煮沸10min冷却后移入试管中，放置过夜，观察试管，当出现凝聚现象时应洗盐。

3　洗盐应按下列步骤进行：

1）将分析用的试样放入调土杯内，注入少量蒸馏水，拌和均匀。迅速倒入贴有滤纸的漏斗中，并注入蒸馏水冲洗过滤。附在调土杯上的土粒全部洗入漏斗。发现滤液浑浊时，应重新过滤；

2）应经常使漏斗内的液面保持高出土面约5cm。每次加水后，应用表面皿盖住漏斗；

3）检查易溶盐清洗程度，可用2个试管各取刚滤下的滤液3mL～5mL，一管加入3滴～5滴10%盐酸和5%氯化钡；另一管加入3滴～5滴10%硝酸和5%硝酸银。当发现管中有白色沉淀时，试样中的易溶盐未洗净，应继续清洗，直至检查时试管中均不再发现白色沉淀为止；

4）洗盐后将漏斗中的土样仔细洗下，风干试样。

4　称干质量为30g的风干试样倒入锥形瓶中，勿使土粒丢失。注入水200mL，浸泡约 12h；

5　将锥形瓶放在煮沸设备上，连接冷凝管进行煮沸。煮沸时间约为 1h；

6　将冷却后的悬液倒入瓷杯中，静置约 1min，将上部悬液倒入量筒。杯底沉淀物用带橡皮头研杵细心研散，加水，经搅拌后，静置约 1min，再将上部悬液倒入量筒。如此反复操作，直至杯内悬液澄清为止。当土中粒径大于 0.075mm 的颗粒大致超过试样总质量的 15%时，应将其全部倒至 0.075mm 筛上冲洗，直至筛上仅留大于 0.075mm 的颗粒为止；

7　将留在洗筛上的颗粒洗入蒸发皿内，倾去上部清水，烘干称量，应按本标准第 8.2.2 条第 2 款的规定进行细筛筛析；

8　将过筛悬液倒入量筒，加 4%浓度的六偏磷酸钠约 10mL 于量筒溶液中，再注入纯水，使筒内悬液达 1000mL。当加入六偏磷酸钠后土样产生凝聚时，应选用其他分散剂；

9　用搅拌器在量筒内沿整个悬液深度上下搅拌约 1min，往复各约 30 次，搅拌时勿使悬液溅出筒外。使悬液内土粒均匀分布。

10　取出搅拌器，将密度计放入悬液中同时开动秒表。可测经 0.5min、1min、2min、5min、15min、30min、60min、120min、180min 和 1440min 时的密度计读数；

11　每次读数均应在预定时间前 10s～20s 将密度计小心地放入悬液接近读数的深度，并应将密度计浮泡保持在量筒中部位置，不得贴近筒壁；

12　密度计读数均以弯液面上缘为准。甲种密度计应准确至 0.5，乙种密度应准确至 0.0002。每次读数完毕立即取出密度计放入盛有纯水的量筒中。并测定各相应的悬液温度，准确至 0.5℃。放入或取出密度计时，应尽量减少悬液的扰动；

13　当试样在分析前未过 0.075mm 洗筛，在密度计第 1 个读数时，发现下沉的土粒已超过试样总质量的 15%时，则应于试验结束后，将量筒中土粒过 0.075mm 筛，应按本标准第 8.3.3 条第 7 款的规定进行筛析，并应计算各级颗粒占试样总质量的百分比。

8.3.4　小于某粒径的试样质量占试样总质量百分数应按下列公式计算：

1　甲种密度计：

$$X=\frac{100}{m_{\mathrm{d}}}C_{\mathrm{s}}(R_1+m_{\mathrm{T}}+n_{\mathrm{w}}-C_{\mathrm{D}}) \tag{8.3.4-1}$$

$$C_{\mathrm{s}}=\frac{\rho_{\mathrm{s}}}{\rho_{\mathrm{s}}-\rho_{\mathrm{w20}}}\cdot\frac{2.65-\rho_{\mathrm{w20}}}{2.65} \tag{8.3.4-2}$$

式中：C_{s}——土粒比重校正值，也可按表 8.3.4-1 执行；

R_1——甲种密度计读数；

m_{T}——温度校正值，可按表 8.3.4-2 执行；

n_{w}——弯液面校正值；

C_{D}——分散剂校正值；

ρ_{s}——土粒密度（$\mathrm{g/cm^3}$）；

ρ_{w20}——20℃时水的密度（$\mathrm{g/cm^3}$）。

表 8.3.4-1 **土粒比值校正值**

土粒比重	甲种土壤密度计比重校正值 C_s	乙种土壤密度计比重校正值 C'_s	土粒比重	甲种土壤密度计比重校正值 C_s	乙种土壤密度计比重校正值 C'_s
2.50	1.038	1.666	2.70	0.989	1.588
2.52	1.032	1.658	2.72	0.985	1.581
2.54	1.027	1.649	2.74	0.981	1.575
2.56	1.022	1.641	2.76	0.977	1.568
2.58	1.017	1.632	2.78	0.973	1.562
2.60	1.012	1.625	2.80	0.969	1.556
2.62	1.007	1.617	2.82	0.965	1.549
2.64	1.002	1.609	2.84	0.961	1.543
2.66	0.998	1.603	2.86	0.958	1.538
2.68	0.993	1.595	2.88	0.954	1.532

表 8.3.4-2 **温度校正值**

悬液温度（℃）	甲种密度计温度校正值 m_T	乙种密度计温度校正值 m'_T	悬液温度（℃）	甲种密度计温度校正值 m_T	乙种密度计温度校正值 m'_T
10.0	−2.0	−0.0012	20.0	0.0	+0.0000
10.5	−1.9	−0.0012	20.5	+0.1	+0.0001
11.0	−1.9	−0.0012	21.0	+0.3	+0.0002
11.5	−1.8	−0.0011	21.5	+0.5	+0.0003
12.0	−1.8	−0.0011	22.0	+0.6	+0.0004
12.5	−1.7	−0.0010	22.5	+0.8	+0.0005
13.0	−1.6	−0.0010	23.0	+0.9	+0.0006
13.5	−1.5	−0.0009	23.5	+1.1	+0.0007
14.0	−1.4	−0.0009	24.0	+1.3	+0.0008
14.5	−1.3	−0.0008	24.5	+1.5	+0.0009
15.0	−1.2	−0.0008	25.0	+1.7	+0.0010
15.5	−1.1	−0.0007	25.5	+1.9	+0.0011
16.0	−1.0	−0.0006	26.0	+2.1	+0.0013
16.5	−0.9	−0.0006	26.5	+2.2	+0.0014
17.0	−0.8	−0.0005	27.0	+2.5	+0.0015
17.5	−0.7	−0.0004	27.5	+2.6	+0.0016
18.0	−0.5	−0.0003	28.0	+2.9	+0.0018
18.5	−0.4	−0.0003	28.5	+3.1	+0.0019
19.0	−0.3	−0.0002	29.0	+3.3	+0.0021
19.5	−0.1	−0.0001	29.5	+3.5	+0.0022
20.0	−0.0	−0.0000	30.0	+3.7	+0.0023

2　乙种密度计：

$$X=\frac{100V}{m_d}C_s'[(R_2-1)+m_T'+n_w'-C_D']\rho_{w20} \tag{8.3.4-3}$$

$$C_s'=\frac{\rho_s}{\rho_s-\rho_{w20}} \tag{8.3.4-4}$$

式中：V——悬液体积（mL）；

C_s'——土粒比重校正值，也可按表 8.3.4-1 执行；

R_2——乙种密度计读数；

m_T'——温度校正值，可按表 8.3.4-2 执行；

n_w'——弯液面校正值；

C_D'——分散剂校正值。

8.3.5　粒径应按下式计算：

$$d=\sqrt{\frac{1800\times10^4\eta}{(G_s-G_{wT})\rho_{w0}g}\cdot\frac{L_t}{t}} \tag{8.3.5-1}$$

式中：d——粒径（mm）；

η——水的动力黏滞系数（1×10^{-6}kPa·s），可按表 8.3.5-1 执行；

G_{wT}——温度为 T℃时的水的比重；

ρ_{w0}——4℃时水的密度（g/cm^3）；

g——重力加速度（981cm/s^2）；

L_t——某一时间 t 内的土粒沉降距离（cm）；

t——沉降时间（s）。

为了简化计算，式（8.3.5-1）也可写成：

$$d=K\sqrt{\frac{L_t}{t}} \tag{8.3.5-2}$$

式中：K——粒径计算系数$\left[K=\sqrt{\frac{1800\times10^4\eta}{(G_s-G_{wT})\rho_{w0}g}}\right]$，与悬液温度和土粒比重有关。其值可按表 8.3.5-2 执行。

表 8.3.5-1　水的动力黏滞系数、黏滞系数比、温度校正值

温度 T（℃）	动力黏滞系数 η（1×10^{-6}kPa·s）	η_T/η_{20}	温度校正系数 T_D	温度 T（℃）	动力黏滞系数 η（1×10^{-6}kPa·s）	η_T/η_{20}	温度校正系数 T_D
5.0	1.516	1.501	1.17	8.5	1.367	1.353	1.30
5.5	1.493	1.478	1.19	9.0	1.347	1.334	1.32
6.0	1.470	1.455	1.21	9.5	1.328	1.315	1.34
6.5	1.449	1.435	1.23	10.0	1.310	1.297	1.36
7.0	1.428	1.414	1.25	10.5	1.292	1.279	1.38
7.5	1.407	1.393	1.27	11.0	1.274	1.261	1.40
8.0	1.387	1.373	1.28	11.5	1.256	1.243	1.42

续表

温度 T（℃）	动力黏滞系数 η（1×10^{-6}kPa·s）	η_T/η_{20}	温度校正系数 T_D	温度 T（℃）	动力黏滞系数 η（1×10^{-6}kPa·s）	η_T/η_{20}	温度校正系数 T_D
12.0	1.239	1.227	1.44	21.0	0.986	0.976	1.80
12.5	1.223	1.211	1.46	21.5	0.974	0.964	1.83
13.0	1.206	1.194	1.48	22.0	0.963	0.953	1.85
13.5	1.188	1.176	1.50	22.5	0.952	0.943	1.87
14.0	1.175	1.163	1.52	23.0	0.941	0.932	1.89
14.5	1.160	1.148	1.54	24.0	0.919	0.910	1.94
15.0	1.144	1.133	1.56	25.0	0.899	0.890	1.98
15.5	1.130	1.119	1.58	26.0	0.879	0.870	2.03
16.0	1.115	1.104	1.60	27.0	0.859	0.850	2.07
16.5	1.101	1.090	1.62	28.0	0.841	0.833	2.12
17.0	1.088	1.077	1.64	29.0	0.823	0.815	2.16
17.5	1.074	1.066	1.66	30.0	0.806	0.798	2.21
18.0	1.061	1.050	1.68	31.0	0.789	0.781	2.25
18.5	1.048	1.038	1.70	32.0	0.773	0.765	2.30
19.0	1.035	1.025	1.72	33.0	0.757	0.750	2.34
19.5	1.022	1.012	1.74	34.0	0.742	0.735	2.39
20.0	1.010	1.000	1.76	35.0	0.727	0.720	2.43
20.5	0.998	0.988	1.78	—	—	—	—

表 8.3.5-2　粒径计算系数 K 值表

温度（℃）	土粒比重 G_s								
	2.45	2.50	2.55	2.60	2.65	2.70	2.75	2.80	2.85
5	0.1385	0.1360	0.1339	0.1318	0.1298	0.1279	0.1261	0.1243	0.1226
6	0.1365	0.1342	0.1320	0.1299	0.1280	0.1261	0.1243	0.1225	0.1208
7	0.1344	0.1321	0.1300	0.1280	0.1260	0.1241	0.1224	0.1206	0.1189
8	0.1324	0.1302	0.1281	0.1260	0.1241	0.1223	0.1205	0.1188	0.1182
9	0.1305	0.1283	0.1262	0.1242	0.1224	0.1205	0.1187	0.1171	0.1164
10	0.1288	0.1267	0.1247	0.1227	0.1208	0.1189	0.1173	0.1156	0.1141
11	0.1270	0.1249	0.1229	0.1209	0.1190	0.1173	0.1156	0.1140	0.1124
12	0.1253	0.1232	0.1212	0.1193	0.1175	0.1157	0.1140	0.1124	0.1109
13	0.1235	0.1214	0.1195	0.1175	0.1158	0.1141	0.1124	0.1109	0.1004
14	0.1221	0.1200	0.1180	0.1162	0.1149	0.1127	0.1111	0.1095	0.1000
15	0.1205	0.1184	0.1165	0.1148	0.1130	0.1113	0.1096	0.1081	0.1067
16	0.1189	0.1169	0.1150	0.1132	0.1115	0.1098	0.1083	0.1067	0.1053
17	0.1173	0.1154	0.1135	0.1118	0.1100	0.1085	0.1069	0.1047	0.1039

续表

温度(℃)	土粒比重 G_s								
	2.45	2.50	2.55	2.60	2.65	2.70	2.75	2.80	2.85
18	0.1159	0.1140	0.1121	0.1103	0.1086	0.1071	0.1055	0.1040	0.1026
19	0.1145	0.1125	0.1108	0.1090	0.1073	0.1058	0.1031	0.1088	0.1014
20	0.1130	0.1111	0.1093	0.1075	0.1059	0.1043	0.1029	0.1014	0.1000
21	0.1118	0.1099	0.1081	0.1064	0.1043	0.1033	0.1018	0.1003	0.0990
22	0.1103	0.1085	0.1067	0.1050	0.1035	0.1019	0.1004	0.0990	0.09767
23	0.1091	0.1072	0.1055	0.1038	0.1023	0.1007	0.09930	0.09793	0.09659
24	0.1078	0.1061	0.1044	0.1028	0.1012	0.09970	0.09823	0.09600	0.09555
25	0.1065	0.1047	0.1031	0.1014	0.09990	0.09839	0.09701	0.09566	0.09434
26	0.1054	0.1035	0.1019	0.1003	0.09897	0.09731	0.09592	0.09455	0.09327
27	0.1041	0.1024	0.1007	0.09915	0.09767	0.09623	0.09482	0.09349	0.09225
28	0.1032	0.1014	0.09975	0.09818	0.09670	0.09529	0.09391	0.09257	0.09132
29	0.1019	0.1002	0.09859	0.09706	0.09555	0.09413	0.09279	0.09144	0.09028
30	0.1008	0.09910	0.09752	0.09597	0.09450	0.09311	0.09176	0.09050	0.08927

8.3.6 用小于某粒径的土质量百分数为纵坐标，粒径为横坐标，在单对数横坐标上绘制颗粒大小分布曲线。当与筛析法联合分析时，应将两段曲线绘成一平滑曲线。

8.3.7 本试验记录格式应符合本标准附录D表D.10的规定。

表 D.10　　颗粒分析试验记录表(密度计法)

任务单号		试验日期	
试样编号		试验者	
烧瓶编号		计算者	
量筒编号		校核者	
烘箱编号		天平编号	
密度计编号			

小于0.075mm颗粒土质量百分数______　干土总质量 30g　风干土质量______g　土粒比重 G_s ______
试样处理说明______　比重校正值 C_s ______　弯液面校正值 n_w ______

下沉时间 t (min)	悬液温度 T (℃)	密度计读数					土料落距 L_1 (cm)	粒径 d (mm)	小于某粒径的土质量百分数(%)	小于某孔径的试样质量占试样总质量的百分数 X (%)
		密度计读数 R_1	温度校正值 m_T	分散剂校正值 C_D	$R_M=R_1+m_T+n_w-C_D$	$R_H=R_MC_s$				

8.4　移液管法

8.4.1　本试验所用的仪器设备应符合下列规定：

1　移液管（图 8.4.1）：容积 25mL；

2　小烧杯：容积 50mL；

3　天平：称量 200g，分度值 0.001g；

4　其他：应符合本标准第 8.3.1 条第 5 款～第 9 款的规定。

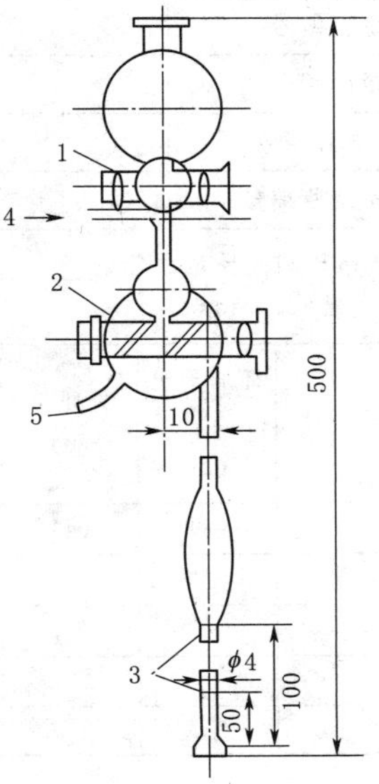

图 8.4.1　移液管示意图（单位：mm）
1—二通阀；2—三通阀；3—移液管；4—接吸球；5—放流口

8.4.2　移液管法试验应按下列步骤进行：

1　取代表性试样，黏土为 10g～15g，砂土为 20g，并应按本标准第 8.3.3 条第 1 款～第 8 款的规定制取悬液；

2　将盛试样悬液的量筒放入恒温水槽中，测记悬液温度，准确至 0.5℃。试验中悬液温度允许变化范围应为±0.5℃；

3　可按本标准式（8.3.5－2）推算出粒径小于 0.05mm、0.01mm、0.005mm、0.002mm 和其他所需粒径下沉一定深度所需的静置时间；

4　准备好移液管，将二通阀置于关闭位置，三通阀置于移液管和吸球相通的位置；

5　用搅拌器沿悬液上、下搅拌各 30 次，时间 1min，取出搅拌器；

6　开动秒表，根据各粒径的静置时间，提前约 10s，将移液管放入悬液中，浸入深度为 10cm，用吸球吸取悬液，吸取悬液量不应少于 25mL；

7　旋转三通阀，使与放流口相通，将多余的悬液从放流口放出，收集后倒入原量筒内的悬液中；

8　将移液管下口放入已称量过的小烧杯中，由上口倒入少量纯水，开三通阀使水流入移液管，连同移液管内的试样悬液流入小烧杯内；

9　每吸取一组粒径的悬液后必须重新搅拌，再吸取另一组粒径的悬液；

10　将烧杯内的悬液蒸发浓缩半干，在 105℃～110℃下烘至恒量，称小烧杯连同干土的质量，准确至 0.001g。

8.4.3　小于某粒径的试样质量占试样总质量的百分数应按下式计算：

$$X=\frac{m_{dx}V_x}{V'_x m_d}\times 100 \quad (8.4.3)$$

式中：m_{dx}——吸取悬液中（25mL）土粒的干土质量（g）；

V_x——悬液总体积，$V_x=1000$mL；

V'_x——移液管每次吸取的悬液体积，$V'_x=25$mL。

8.4.4　以小于某粒径的试样质量百分数为纵坐标，粒径为横坐标，在单对数横坐标纸上绘制颗粒大小分布曲线。

8.4.5　本试验记录格式应符合本标准附录 D 表 D.11 的规定。

表 D.11　　　**颗粒分析试验记录表(移液管法)**

任务单号		试验日期	
试样编号		试验者	
烘箱编号		计算者	
量筒编号		校核者	
移液管编号		天平编号	
三角烧瓶编号			

小于 2mm 颗粒土质量百分数________　小于 0.075mm 颗粒土质量百分数________

干土总质量 m_d 30g　土粒比重 G_s ________　移液管体积 V'_x ________

粒径 d (mm)	杯号	杯加干土质量 (g)	杯质量 (g)	吸管内悬液土粒的干土质量 m_{dx} (g)	1000mL 量筒内土质量 m_d (g)	小于某粒径的土质量百分数 (%)	小于某粒径土占总土质量百分数 X (%)
(1)	(2)	(3)	(4)	(5) = (3) − (4)	(6)	(7)	(8)

课前学生任务单

项目名称	项目二　土工试验		
任务名称	任务四　颗粒分析试验		
任　务　分　组			
班　　级		组　　号	
姓　　名		学　　号	
组长姓名		指导老师	
任务分工	试　　验	计　　算	校　　核
负责人 1			
负责人 2			

任　务　目　标

1. 巩固颗粒级配的概念。
2. 巩固半对数直角坐标系。
3. 掌握筛析法原理。
4. 了解密度计及其原理。
5. 风干土样，为颗粒级配试验做准备。

学　习　步　骤

1. 回顾颗粒级配概念。
2. 回顾普通直角坐标系。
3. 复习半对数直角坐标系。
4. 思考筛析法原理。
5. 了解密度计及其原理。
6. 风干土样，为颗粒级配试验做准备。

颗粒分析试验记录表（筛析法）

<table>
<tr><td>工程名称</td><td></td><td>取样部位</td><td></td></tr>
<tr><td>委托单位</td><td></td><td>试样描述</td><td></td></tr>
<tr><td>任务单号</td><td></td><td>试验日期</td><td></td></tr>
<tr><td>仪器设备及编号</td><td></td><td>试验依据</td><td></td></tr>
<tr><td>试验环境</td><td></td><td>试验描述</td><td></td></tr>
</table>

<table>
<tr><td rowspan="4">总干土质量
/g</td><td>孔径</td><td>>60mm</td><td><60mm</td><td rowspan="2">小于 60mm 干土取样质量/g</td><td rowspan="2"></td></tr>
<tr><td>湿土质量/g</td><td></td><td></td></tr>
<tr><td>含水率/%</td><td></td><td></td><td rowspan="2">小于 60mm 干土质量
占总土质量的百分数/%</td><td rowspan="2"></td></tr>
<tr><td>干土质量/g</td><td></td><td></td></tr>
</table>

孔径/mm	各级留筛土质量/g	小于某粒径的试样质量/g	小于某粒径的试样质量百分数/%	小于该孔径土占总土质量百分数/%
400				
200				
100				
60				
40				
20				
10				
5				
2				
1				
0.5				
0.25				
0.1				
0.075				
<0.075				
备注				

试验：　　　　　　　　　　　　计算：　　　　　　　　　　　　校核：

颗粒分析试验记录表(密度计法)

工程名称		取样部位	
委托单位		试样描述	
任务单号		试验日期	
仪器设备及编号		试验依据	
试验环境		试验描述	

盘号		土样编号		三角烧瓶号		处理方法	乙种密度计
筛分土质量/g		湿土土质量/g		盒号		比重 G_s	
筛分干土质量/g		干土质量/g		量筒号		比重校正值 G_s	
含水率/%		>0.075mm 干土质量		分散剂校正值(C_D)		弯液面校正值 n_w	

孔径/mm	60	40	20	10	5	2	1	0.5	0.25	0.1	0.075	0.05	0.025	0.005	<0.005	<0.002
留筛土重/g																
留筛土百分数																
小于该孔径的土质量百分数/%																

下沉时间 t/min	悬液温度 T/℃	密度计读数					土粒沉降距离 l_t/cm	粒径 d/mm	小于该孔径的土质量百分数/%	小于该孔径的总土质量百分数 x/%
		密度计读数 R_1	刻度弯液面校正值 n_w	温度校正值 m_T	$R_M=R_1+m_T+n_w-C_D$	$R_H=R_MC_s$				

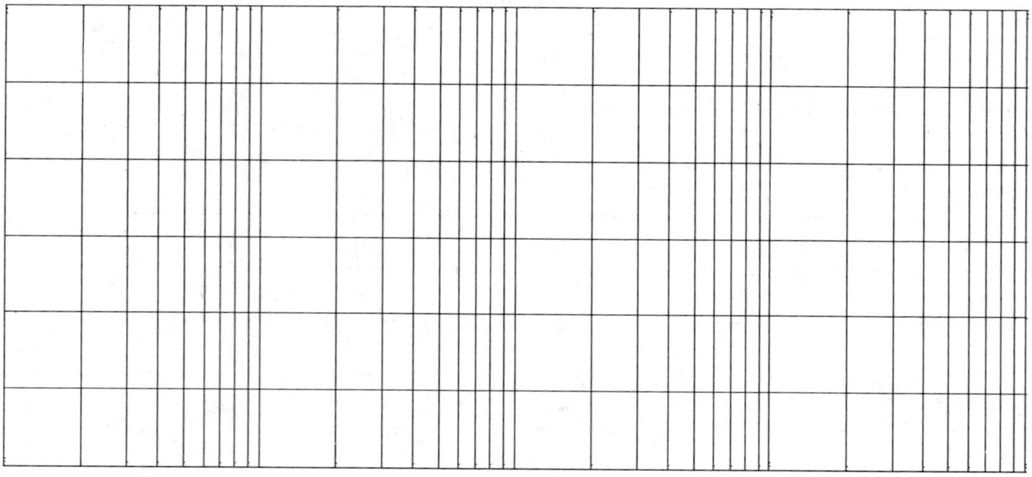

试验：　　　　　　　　计算：　　　　　　　　校核：

活　页　宝　典

课程名称		任课教师	
班级姓名		学　　号	
项目名称		任务名称	
活页笔记			
思维导图			
创新点			
活页测评			

任务五　液、塑限试验

一、工作任务

小浪底大坝为黏土斜心墙土石坝，横断面图如图 2－1－1 所示，图中①区为黏土斜心墙，心墙土料在前期土料选择和后期施工时都需要检测土料的液、塑限，进而掌握土料的工程性质。

微课：液、塑限试验工程意义

微课：液、塑限试验方法原理

任务 2－5－1：测定心墙土料的液、塑限。

二、工作目标

测定心墙土料的液、塑限。

三、任务分组

表 2－5－1　任务分组表

班　级		组　号	
姓　名		学　号	
组长姓名		指导老师	
任务分工	试　验	计　算	校　核
负责人 1			
负责人 2			

四、引导问题

1. 什么是土的液、塑限？

2. 液、塑限试验宜采用______试样，当土样不均匀时，采用______试样，当试样中含有粒径大于 0.5mm 的土粒和杂物时，应过______mm 筛。

3. 当采用天然含水率土样时，应剔除粒径大于 0.5mm 的颗粒；采用风干试样时，取 0.5mm 筛下的代表性土样______g，将试样放在橡皮板上用纯水将土样调成均匀膏状，放入密封的保温缸中，浸润______。

4. 将制备的试样充分调拌均匀，填入试样杯中，填样时______留有空隙，对较干的试样应____________填入试样杯中，填满后______。

5. 将试样杯放在联合测定仪的升降座上，在圆锥上抹一薄层______，接通电源，使电磁铁吸稳______。

6. 将屏幕上的标尺调在零位（数显式液塑限联合测定仪不用调零点），调整升降座、使圆锥尖接触试样表面，指示灯亮时圆锥在自重下沉入试样，经______s 后测读圆锥下沉深度（显示在屏幕上）。

7. 取出试样杯，挖去＿＿＿＿＿＿，取锥体附近的试样不少于10g，放入称量盒内，测定含水率。

五、工作计划

（一）课前

（1）熟悉小浪底大坝坝体分区，知道大坝哪些部位采用黏性土料。

（2）回顾黏性土的稠度的概念。

（3）回顾界限含水率的概念。

（4）用黏性土制作手工模型，体验黏性土的界限含水率。

（5）熟悉液、塑限联合测定仪的结构组成及试验原理。

（6）在活页宝典中记录发现的问题。

（二）课中

（1）阅读《标准》中界限含水率试验部分，根据工作任务选择试验方法，并进行小组任务分工。

（2）根据试验方法进行工作准备。

（3）进行试验并做好试验记录。

（4）进行数据处理。

（5）在活页宝典中记录发现的问题。

（6）填写学生自评表进行自我评价，并向老师反馈试验中发现的问题。

（三）课后

（1）用思维导图归纳总结液、塑限试验。

（2）记录试验中的创新想法。

六、进度决策

熟读《标准》中界限含水率试验部分，理解规范内容，结合工程情况充分讨论选对试验方法，然后规范操作完成试验，根据自评表逐项检查进行自评，及时反馈试验中发现的问题，最后总结归纳界限含水率试验，并用思维导图记录在活页宝典中。详细步骤及各步骤参考时间如下：

（1）试验阶段。阅读《标准》中界限含水率试验部分（10min）→根据工作任务选择试验方法（5min）→进行任务分工（5min）

工作准备（工具、记录表、电子规范）（5min）→制备土样（24h）→调土装杯、测记锥入土深度（80min）→测含水率（24h以上）→数据处理（20min）。

（2）评价与反馈。自评（10min）→反馈（10min）。

（3）归纳和总结。活页宝典归纳总结（10min＋课下）。

七、工作实施

根据《标准》中界限含水率试验部分，液、塑限联合测定法可以同时测定液限和塑限，结合试验室试验仪器条件，本任务采用液、塑限联合测定法。

1. 工作准备

（1）仪器设备。

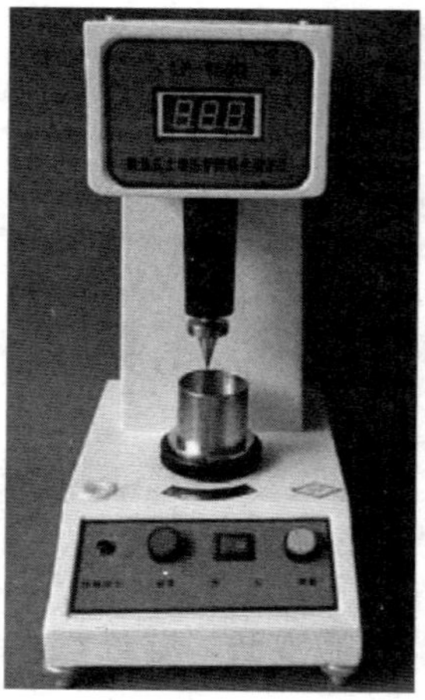

图 2－5－1　液、塑限联合测定仪

1）液、塑限联合测定仪：用于测定土样在不同含水率时的圆锥入土深度，仪器如图 2－5－1 所示。

2）天平：称量 200g，分度值 0.01g，用于测定土样的含水率。

3）筛：孔径 0.5mm，用于制备土样。

4）试样杯：直径 40～50mm，高 30～40mm，用于盛放土样。

5）其他：烘箱、干燥缸、铝盒、调土刀、凡士林。

（2）技术资料。

1）《标准》中界限含水率试验部分。

2）液、塑限联合测定试验记录表。

2. 试验材料（土样制备）

（1）本试验宜采用天然含水率试样，当土样不均匀时，采用风干试样，当试样中含有粒径大于 0.5mm 的土粒和杂物时，应过 0.5mm 筛。

（2）当采用天然含水率土样时，应剔除粒径大于 0.5mm 的颗粒，再分别按接近液、塑限和二者的中间状态，制备不同稠度的土膏，静置湿润，静置时间可视原含水率的大小而定。采用风干试样时，取 0.5mm 筛下的代表性土样约 200g，分成 3 份，分别放入 3 个盛土皿中，加入不同数量的纯水，使其分别接近液限、塑限和二者的中间状态的土膏，放入密封的保湿缸中，静置 24h。

实操视频：液、塑限试验规范操作

3. 开展试验

【步骤 1】 如实填写液、塑限联合测定试验记录表中的任务单号、试验日期、仪器设备及编号等信息，开始做试验。

【步骤 2】 将天平放置在平整稳固的操作台面上，调平天平，通电备用。

【步骤 3】 将液、塑限联合测定仪放置在平整稳固的操作台面上，调平备用。

【步骤 4】 装土入杯：将制备好的试样充分调拌均匀，密实地填入试样杯中，填样时不应留有空隙，对较干的试样应充分搓揉，密实地填入试样杯中，填满后刮平表面。

【步骤 5】 接通电源：将试样杯放在联合测定仪的升降座上，在锥体上抹一薄层凡士林，接通电源，使电磁铁吸稳圆锥。

【步骤 6】 锥入试样：本任务采用数显式液塑限联合测定仪不用调零点，直接调整升降座、使圆锥尖接触试样表面，指示灯亮时圆锥在自重下沉入试样，经 5s 后测读、记录圆锥下沉深度（显示在屏幕上）。

【步骤 7】 测含水率：取出试样杯，挖去锥尖入土处的凡士林，取锥体附近的试样不少于 10g，放入称量盒内，测定含水率。

【步骤 8】 取另外两份土样，重复【步骤 4】～【步骤 7】分别测定其余两个试样的圆锥下沉深度及相应的含水率。液塑限联合测定应不少于三点。

三个测点的分布应使其间距尽量大些，在图上比较均匀地分布。

4. 试验成果整理

(1) 计算含水率。

(2) 绘制含水率与圆锥下沉深度的关系曲线。按照《标准》中界限含水率试验部分第 9.2.3 条绘制含水率与圆锥下沉深度的关系曲线。

(3) 确定液、塑限。按照《标准》中界限含水率试验部分第 9.2.4 条绘制含水率与圆锥下沉深度的关系图。

(4) 计算塑性指数和液性指数。按《标准》中第 9.2.5 条计算塑性指数和液性指数。

八、评价反馈

微课：液、塑限试验数据处理

1. 你认为本试验的难点是什么？
2. 你认为本试验中哪些地方可以改进？
3. 请按表 2-5-2 对本试验掌握情况进行自我评价。

表 2-5-2　　**学生自评表**

<table>
<tr><td>班　级</td><td></td><td>姓　名</td><td></td><td>学号</td><td colspan="2"></td></tr>
<tr><td>学习任务</td><td colspan="6">液、塑限试验</td></tr>
<tr><td>打分类别</td><td colspan="3">考　核　要　点</td><td>分值</td><td>得分</td><td>备注</td></tr>
<tr><td rowspan="9">常规计分项目</td><td colspan="3">(1) 具有精益求精的工匠精神</td><td>10</td><td></td><td></td></tr>
<tr><td colspan="3">(2) 试验操作中求真务实、细致严谨、精益求精的科研精神</td><td>10</td><td></td><td></td></tr>
<tr><td colspan="3">(3) 会制备土样</td><td>10</td><td></td><td></td></tr>
<tr><td colspan="3">(4) 天平等试验仪器选用正确，使用规范</td><td>10</td><td></td><td></td></tr>
<tr><td colspan="3">(5) 试验操作准确到位，仪器摆放条理规范</td><td>15</td><td></td><td></td></tr>
<tr><td colspan="3">(6) 调土准，效率高</td><td>20</td><td></td><td></td></tr>
<tr><td colspan="3">(7) 记录表记录真实、计算准确、干净整洁（如若数据处理误差超限，试验重做）</td><td>15</td><td></td><td></td></tr>
<tr><td colspan="3">(8) 液塑限直线绘图正确，液塑限结果正确</td><td>15</td><td></td><td></td></tr>
<tr><td colspan="3">(9) 团队配合默契，能展示团队力量</td><td>10</td><td></td><td></td></tr>
<tr><td rowspan="3">附加分</td><td colspan="3">完成至少两种土样的液塑限</td><td>20</td><td></td><td></td></tr>
<tr><td colspan="3">仪器工具创新</td><td>10</td><td></td><td></td></tr>
<tr><td colspan="3">会计算机计算和绘图（需提供有力的证明材料或现场显示）</td><td>20</td><td></td><td></td></tr>
<tr><td rowspan="2">扣分</td><td colspan="3">一旦发现试验中篡改伪造数据本项目 0 分计</td><td>－100</td><td></td><td></td></tr>
<tr><td colspan="3">不能将组内负责任务完成</td><td>－30</td><td></td><td></td></tr>
<tr><td colspan="5">总　　计</td><td colspan="2"></td></tr>
</table>

九、相关知识点

为了尽量减少人为影响，使试样更能反映实际情况，原则上用天然含水率的土样制备试样。但由于有时土样在采取及运送过程中湿度可能已经变化，或者由于土质不均匀，选取代表性的土样有困难。因此，允许用风干土样制备试样。当用天然含水率的土样进行联合测定时，视天然含水率的大小，从高含水率做到低含水率。

液塑限联合试验法三个测点的分布应使其间距尽量大些，在图上比较均匀地分布。一般锥体下沉深度在2～17mm之间。因此，标准规定“分别按接近液限、塑限和二者的中间状态制备不同稠度的土膏，静置湿润，静置时间可视原含水率的大小而定”。

《土工试验方法标准》(GB/T 50123—2019) 节选如下。

9　界限含水率试验

9.1　一般规定

9.1.1　土的粒径应小于0.5mm以及有机质含量不大于干土质量的5%。

9.1.2　本试验中含水率的测定应按本标准第5.2节的烘干法执行。

9.2　液塑限联合测定法

9.2.1　本试验所用的仪器设备应符合下列规定：

1　液塑限联合测定仪（图9.2.1）应包括带标尺的圆锥仪、电磁铁、显示屏、控制开关和试样杯。圆锥仪质量为76g，锥角为30°；读数显示宜采用光电式、游标式和百分表式；

2　试样杯：直径40mm～50mm；高30mm～40mm；

3　天平：称量200g，分度值0.01g；

4　筛：孔径0.5mm；

5　其他：烘箱、干燥缸、铝盒、调土刀、凡士林。

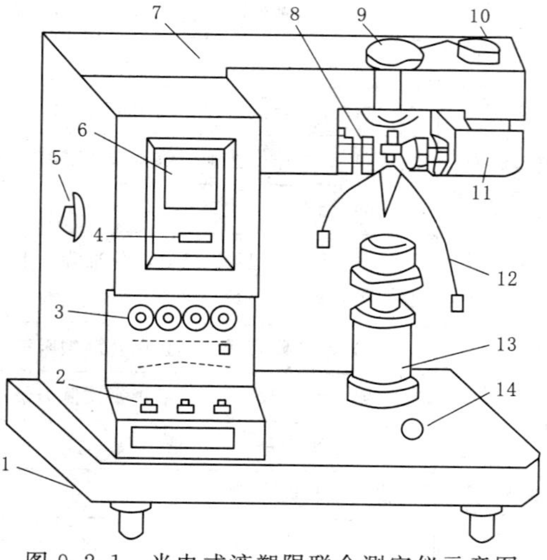

图9.2.1　光电式液塑限联合测定仪示意图

1—水平调节螺丝；2—控制开关；3—指示灯；4—零线调节螺丝；5—反光镜调节螺丝；6—屏幕；7—机壳；8—物镜调节螺丝；9—电磁装置；10—光源调节螺丝；11—光源；12—圆锥仪；13—升降台；14—水平泡

9.2.2　液塑限联合测定法试验应按下列步骤进行：

1　液塑限联合试验宜采用天然含水率的土样制备试样，也可用风干土制备试样。

2　当采用天然含水率的土样时，应剔除粒径大于0.5mm的颗粒，再分别按接近液限、塑限和二者的中间状态制备不同稠度的土膏，静置湿润。静置时间可视原含水率的大小而定。

3　当采用风干土样时，取过0.5mm筛的代表性土样约200g，分成3份，分别放入3个盛土皿中，加入不同数量的纯水，使其分别达到本标准第9.2.2条第2款中所述的含水率，调成均匀土膏，放入密封的保湿缸中，静置24h。

4　将制备好的土膏用调土刀充分调拌均匀，密实地填入试样杯中，应使空气逸出。高出试样杯的余土用刮土刀刮平，将试样杯放在仪器底座上。

5　取圆锥仪，在锥体上涂以薄层润滑油脂，接通电源，使电磁铁吸稳圆锥仪。当使用游标式或百分表式时，提起锥杆，用旋钮固定。

6　调节屏幕准线，使初读数为零。调节升降座，使圆锥仪锥角接触试样面，指示灯亮时圆锥在自重下沉入试样内，当使用游标式或百分表式时用手扭动旋扭，松开锥杆，经5s后测读圆锥下沉深度。然后取出试样杯，挖去锥尖入土处的润滑油脂，取锥体附近的试样不得少于10g，放入称量盒内，称量，准确至0.01g，测定含水率。

7　应按本标准第9.2.2条第4款～第6款的规定，测试其余2个试样的圆锥下沉深度和含水率。

9.2.3　以含水率为横坐标，圆锥下沉深度为纵坐标，在双对数坐标纸上绘制关系曲线。三点连一直线（图9.2.3中的A线）。当三点不在一直线上，通过高含水率的一点与其余两点连成两条直线，在圆锥下沉深度为2mm处查得相应的含水率，当两个含水率的差值小于2%时，应以该两点含水率的平均值与高含水率的点连成一线（图9.2.3中的B线）。当两个含水率的差值不小于2%时，应补做试验。

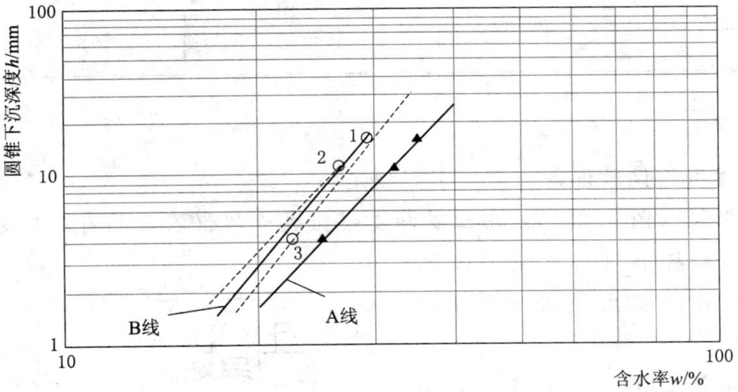

图9.2.3　圆锥下沉深度与含水率关系图曲线

9.2.4　通过圆锥下沉深度与含水率关系图，查得下沉深度为17mm所对应的含水率为液限，下沉深度为10mm所对应的含水率为10mm液限；查得下沉深度为2mm所对应的含水率为塑限，以百分数表示，准确至0.1%。

9.2.5　塑性指数和液性指数应按下列公式计算：

$$I_P = w_L - w_P \tag{9.2.5-1}$$

$$I_L = \frac{w_0 - w_P}{I_P} \tag{9.2.5-2}$$

式中：I_P——塑性指数；

I_L——液性指数，计算至0.01；

w_L——液限（%）；

w_P——塑限（%）。

9.2.6　本试验的记录格式应符合本标准附录 D 表 D.12 的规定。

表 D.12　　**液塑限联合试验记录表**

任务单号		试验者	
试验日期		计算者	
天平编号		校核者	
烘箱编号		液塑限联合测定仪编号	

试样编号	圆锥下沉深度 h (mm)	盒号	湿土质量 m_0 (g)	干土质量 m_d (g)	含水率 w (%)	液限 w_L (%)	塑限 w_P (%)	塑性指数 I_P
	—	—	(1)	(2)	(3) $=\left[\frac{(1)}{(2)}-1\right]\times 100$	(4)	(5)	(6) = (4) − (5)

9.3　碟式仪液限法

9.3.1　本试验所用的仪器设备应符合下列规定：

1　碟式液限仪（图 9.3.1）：由土碟和支架组成专用仪器，并有专用划刀。其技术条件应符合现行国家标准《土工试验仪器　液限仪　第 1 部分：碟式液限仪》GB/T 21997.1 的规定；

2　天平：称量 200g，分度值 0.01g；

3　筛：孔径为 0.5mm；

4　其他：烘箱、干燥缸、铝盒、调土刀。

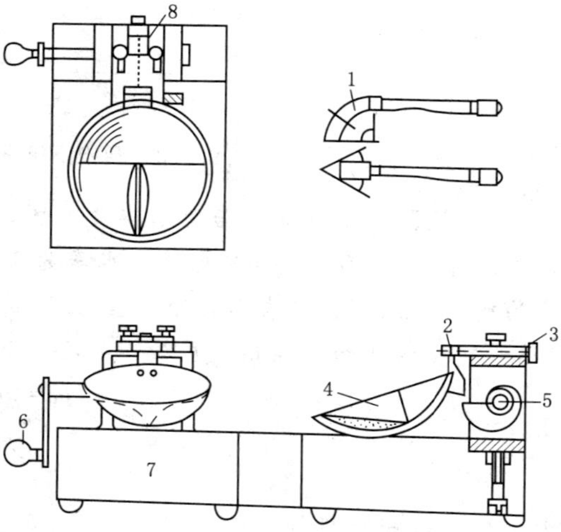

图 9.3.1　碟式液限仪

1—开槽器；2—销子；3—支架；4—土碟；5—蜗轮；6—摇柄；7—底座；8—调整板

9.3.2　碟式仪液限法试验应按下列步骤进行：

1　取过 0.5mm 筛的土样（天然含水率的土样或风干土样均可）约 100g，放在调土皿中，按需要加纯水，用调土刀反复拌匀。

2　取一部分试样，平铺于土碟的前半部。铺土时应防止试样中混入气泡。用调土刀将试样面修平，使最厚处为 10mm，多余试样放回调土皿中。以蜗形轮为中心，用划刀自后至前沿土碟中央将试样划成槽缝清晰的两半（图 9.3.2－1）。为避免槽缝边扯裂或试样在土碟中滑动，允许从前至后，再从后至前多划几次，将槽逐步加深，以代替一次划槽，最后一次从后至前的划槽能明显地接触碟底，但应尽量减少划槽的次数。

3　以每秒 2 转的速率转动摇柄，使土碟反复起落，坚击于底座上，数记击数，直至试样两边在槽底的合拢长度为 13mm 为止（图 9.3.2－2），记录击数，并在槽的两边采取试样 10g 左右，测定其含水率。

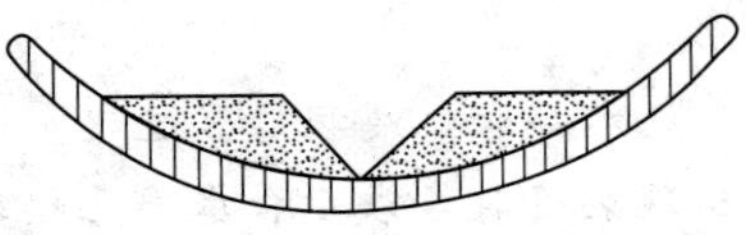

图 9.3.2－1　划槽状况

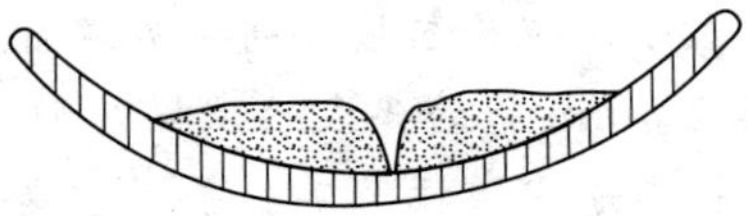

图 9.3.2－2　合拢状况

4　将土碟中的剩余试样移至调土皿中，再加水彻底拌和均匀，应按本标准第 9.3.2 条第 2 款、第 3 款的规定至少再做两次试验。这两次土的稠度应使合拢长度为 13mm 时所需击数为 15 次～35 次，其中 25 次以上及以下各 1 次。然后测定各击次下试样的相应含水率。

9.3.3　各击次下合拢时试样的相应含水率应按下式计算：

$$w_N=\left(\frac{m_N}{m_d}-1\right)\times 100 \tag{9.3.3}$$

式中：w_N——N 击下试样的含水率（%）；

m_N——N 击下试样的质量（g）。

9.3.4　根据试验结果，以含水率为纵坐标，击次为横坐标，在单对数坐标上绘制击次与含水率关系曲线，查得曲线上击数 25 次所对应的含水率，即为该试样的液限。

9.3.5　本试验的记录格式应符合本标准附录 D 表 D.13 的规定。

表 D.13　　**碟式仪液限法试验记录表**

<table>
<tr><td colspan="2">任务单号</td><td colspan="2"></td><td>试验者</td><td colspan="2"></td></tr>
<tr><td colspan="2">试验日期</td><td colspan="2"></td><td>计算者</td><td colspan="2"></td></tr>
<tr><td colspan="2">碟式仪编号</td><td colspan="2"></td><td>校核者</td><td colspan="2"></td></tr>
<tr><td colspan="2">烘箱编号</td><td colspan="2"></td><td>天平编号</td><td colspan="2"></td></tr>
<tr><td rowspan="2">试样编号</td><td>击数
N</td><td>盒号</td><td>湿土质量 m_N
(g)</td><td>干土质量 m_d
(g)</td><td>含水率
w_N（%）</td><td>液限
w_L（%）</td></tr>
<tr><td>—</td><td>—</td><td>(1)</td><td>(2)</td><td>(3) $=\left[\frac{(1)}{(2)}-1\right]$</td><td>(4)</td></tr>
<tr><td rowspan="3"></td><td></td><td></td><td></td><td></td><td></td><td rowspan="3"></td></tr>
<tr><td></td><td></td><td></td><td></td><td></td></tr>
<tr><td></td><td></td><td></td><td></td><td></td></tr>
<tr><td rowspan="3"></td><td></td><td></td><td></td><td></td><td></td><td rowspan="3"></td></tr>
<tr><td></td><td></td><td></td><td></td><td></td></tr>
<tr><td></td><td></td><td></td><td></td><td></td></tr>
</table>

9.4　搓滚塑限法

9.4.1　本试验所用的仪器设备应符合下列规定：

1　毛玻璃板：尺寸宜为200mm×300mm；

2　卡尺：分度值0.02mm；

3　天平：称量200g，分度值0.01g；

4　筛：孔径0.5mm；

5　其他：烘箱、干燥缸、铝盒。

9.4.2　搓滚塑限法试验应按下列步骤进行：

1　取过0.5mm筛的代表性试样约100g，加纯水拌和，浸润静置过夜。

2　将试样在手中捏揉至不黏手，捏扁，当出现裂缝时，表示含水率已接近塑限。

3　取接近塑限的试样一小块，先用手捏成橄榄形，然后再用手掌在毛玻璃板上轻轻搓滚。搓滚时手掌均匀施加压力于土条上，不得使土条在毛玻璃板上无力滚动，土条不得有空心现象，土条长度不宜大于手掌宽度。

4　当土条搓成3mm时，产生裂缝，并开始断裂，表示试样达到塑限。当不产生裂缝及断裂时，表示这时试样的含水率高于塑限；当土条直径大于3mm时即断裂，表示试样含水率小于塑限，应弃去，重新取土试验。当土条在任何含水率下始终搓不到3mm即开始断裂，则该土无塑性。

5　取直径符合3mm断裂土条3g～5g，放入称量盒内，盖紧盒盖，测定含水率。此含水率即为塑限。

9.4.3　塑限应按下式计算，计算至0.1%：

$$w_P=\left(\frac{m_0}{m_d}-1\right)\times 100 \tag{9.4.3}$$

9.4.4　本试验应进行两次平行测定，两次测定的最大允许差值应符合本标准第5.2.4条的规定。

9.4.5　本试验的记录格式应符合本标准附录D表D.14的规定。

表 D.14　　　　**搓滚塑限法试验记录表**

任务单号			试验者		
试验日期			计算者		
烘箱编号			校核者		
天平编号					
试样编号	盒号	湿土质量 m（g）	干土质量 m_d（g）	含水率 w_P（%）	塑限 w_P（%）
	—	(1)	(2)	(3) $=\left[\frac{(1)}{(2)}-1\right]\times 100$	—

课前学生任务单

项目名称	项目二　土工试验
任务名称	任务五　液、塑限试验

任　务　分　组

班　　级		组　　号	
姓　　名		学　　号	
组长姓名		指导老师	
任务分工	试　　验	计　　算	校　　核
负责人 1			
负责人 2			

任　务　目　标

1. 熟悉小浪底大坝的坝体分区，知道大坝哪些部位采用黏性土料。
2. 巩固稠度的概念。
3. 巩固界限含水率的概念。
4. 体验黏性土的界限含水率。
5. 熟悉液、塑限联合测定仪的结构组成及试验原理。

学　习　步　骤

1. 熟悉小浪底大坝的坝体分区，知道大坝哪些部位采用黏性土料。
2. 回顾黏性土的稠度的概念。
3. 回顾界限含水率的概念。
4. 用黏性土制作手工模型，体验黏性土的界限含水率。
5. 熟悉液、塑限联合测定仪的结构组成及试验原理。
6. 在活页宝典中记录发现的问题。

液、塑限联合试验记录表

工程名称		取样部位	
委托单位		试样描述	
任务单号		试验日期	
仪器设备及编号		试验依据	
试验环境		试验描述	

土样编号	圆锥下沉深度 h/mm		盒号	盒质量/g	盒加湿土质量/g	盒加干土质量/g	湿土质量 m/g	干土质量 m_d/g	含水率 w_w/%		液限 w_L/%	塑限 w_P/%	塑性指数 I_P	液性指数 I_L

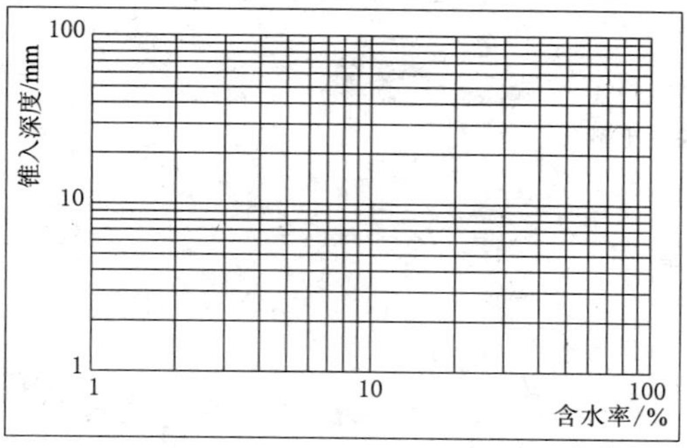

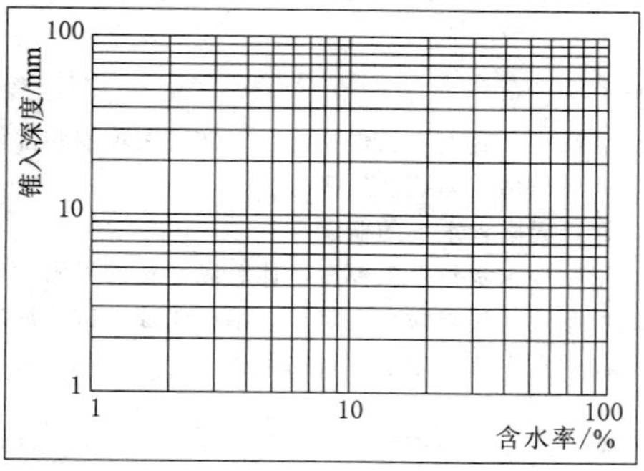

试验： 计算： 校核：

活　页　宝　典

课程名称		任课教师	
班级姓名		学　　号	
项目名称		任务名称	
活页笔记			
思维导图			
创新点			
活页测评			

任务六 细粒土的击实试验

一、工作任务

小浪底大坝为黏土斜心墙土石坝，横断面图如图 2-1-1 所示，图中①区为黏土斜心墙。

根据《碾压式土石坝设计规范》(SL 274—2020)，黏性土的施工填筑含水率应根据土料性质、填筑部位、气候条件和施工机械等情况，控制在最优含水率的−2%～+3%偏差范围以内。施工后还要根据压实度检测施工质量。压实度等于施工后的干密度除以最大干密度。

任务 2-6-1：请采用轻型击实试验测定心墙土料的最优含水率和最大干密度。

注意：(1) 施工时黏性土料的含水率控制在最优含水率附近最容易碾压密实，只有通过诚实劳动、规范试验才能得到正确的最优含水率，从而给施工提供正确的指导依据。反之，如果试验操作错误甚至篡改伪造试验数据，将会得到错误的最优含水率，从而误导施工，浪费资源，影响工期。

(2) 最大干密度是检测黏性土料压实质量时不可缺少的试验参数，只有通过诚实劳动、规范试验才能得到正确的最大干密度，为客观正确地评价压实质量提供依据。否则，轻则将压实合格的土方判为不合格，导致过度施工浪费资源；重则将压实不合格的土方判为合格，危及工程安全，甚至引起溃坝溃堤，造成不可估量的生命及财产损失。

微课：击实试验工程意义

微课：击实试验方法原理

二、工作目标

测定心墙土料的最优含水率和最大干密度。

三、任务分组

表 2-6-1 任务分组表

班级		组号	
姓名		学号	
组长姓名		指导老师	
任务分工	试验	计算	校核
负责人 1			
负责人 2			

四、引导问题

1. 什么是最优含水率和最大干密度？

2. 轻型击实试验的单位体积实功约等于____________。

3. 已知某轻型击实仪锤重量 [m(kg)]、落高 [h(m)]、锤击数 (n)、分三层击实，则每层的锤击数应该等于________。

4. 干法制备土样进行击实试验时，应该将土样（　　），然后测定含水率。

A. 烘干　　　　B. 风干

5. 轻型击实试验应该取代表性风干试样土样______kg，分成五份，每份______kg。

6. 干法制备土样进行击实试验时，每份风干土样的加水量应该如何控制？

7. 土样加水后应该拌匀，并浸润一定时间，以保证________________________。

8. 击实仪筒高为116mm，分三层击实时，第一层击实完土体表面应该距离筒顶大概________mm。

9. 每层土击实之后，第二层土加土之前应该________，以防止土层分离。

10. 击实结束后土体应该略超出击实筒，并且超出高度不能超过________mm。

五、工作计划

（一）课前

（1）自学击实仪工具知识。

（2）回顾“功”的概念，思考单位体积击实功的计算方法。

（3）预习《标准》中击实试验部分，按心墙黏土料的塑限预估最优含水率，制备不少于5个不同含水率的一组试样，相邻2个试样含水率的差值宜为2%，预估的最优含水率居中。土样制备方法分为干法和湿法两种。

动画：击实试验土样制备

1）干法制备试样按照《标准》中击实试验部分第13.3.1条第1款进行。根据测定的风干含水率和预定的含水率计算加水量时应按下式计算：

$$m_W=\frac{m_0}{1+0.01w_0}\times 0.01(w-w_0)$$

式中　m_W——制备试样所需的加水量，g；

m_0——湿土（或风干土）质量，g；

w_0——湿土（或风干土）含水率，%；

w——制样要求的含水率，%。

2）湿法制备试样应按下列步骤进行：取天然含水率的代表性土样20kg（重型为50kg），碾散，按要求过筛，将筛下土样拌匀，并测定土样的含水率。根据土样的塑限预估最优含水率，按预定含水率2个大于塑限、2个小于塑限、1个接近塑限的原则选择至少5个含水率的土样，分别将天然含水率的土样风干或加水进行制备，应使制备好的土样水分均匀分布。

（4）在活页宝典中记录发现的问题。

（二）课中

（1）阅读《标准》中击实试验部分，根据工作任务进行小组任务分工。

（2）根据试验方法进行工作准备。

（3）进行试验并做好试验记录。

（4）进行数据处理。

（5）在活页宝典中记录发现的问题。

(6) 填写学生自评表进行自我评价，并向老师反馈试验中发现的问题。

(三) 课后

(1) 用思维导图归纳总结击实试验。

(2) 记录试验中的创新想法。

六、进度决策

熟读《标准》中击实含水率试验部分，理解规范内容，规范操作完成试验，根据自评表逐项检查进行自评，及时反馈试验中发现的问题，最后总结归纳击实试验，并用思维导图记录在活页宝典中。详细步骤及各步骤参考时间如下：

(1) 试验阶段。干法：土样风干（实训开始立即风干）→测风干含水率（12h 以上，充分利用夜晚时间）→土样分称加水（2h）→土样浸润（24h）→击实（3 学时）→数据处理（1 学时+课后）。

(2) 评价与反馈。自评（10min）→反馈（10min）。

(3) 归纳和总结。活页宝典归纳总结（10min+课下）。

七、工作实施

根据工作任务，采用轻型击实试验测定心墙土料的最大干密度和最优含水率。

1. 工作准备

(1) 仪器设备

1) 击实仪器设备：采用电动或手动击实仪，主要部件规格满足标准要求，如图 2-6-1、图 2-6-2 所示。

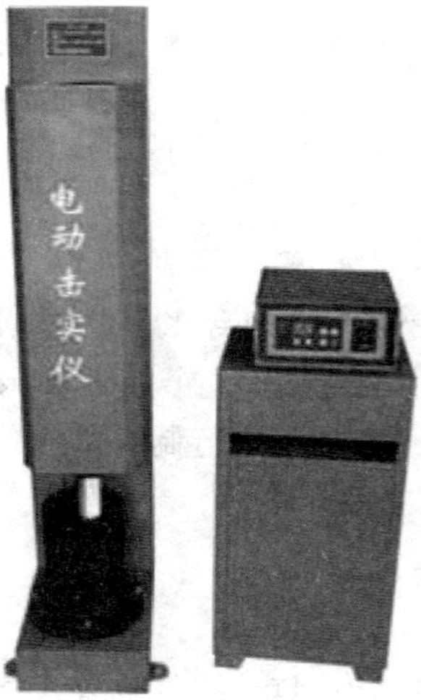

图 2-6-1 电动击实仪

图 2-6-2 手动击实仪

2) 试样推出器：宜用螺旋式千斤顶或液压式千斤顶，但无此类装置，亦可用刮刀和修土刀从击实筒中取出试样。

3）天平：称量 200g，分度值 0.01g。

4）台秤：称量 10kg，分度值 1g。

5）标准筛：孔径为 20mm、5mm。

6）其他：烘箱、喷水设备、碾土设备、盛土器、修土刀和保湿设备。

（2）技术资料：①《标准》中击实试验部分；②击实试验记录表。

2. 开展试验

【步骤 1】 如实填写击实试验记录表中的任务单号、试验日期、天平等信息，计算好每层锤击数开始做试验。

【步骤 2】 天平放置在平整稳固的操作台面上，调平天平，通电备用。

【步骤 3】 将击实仪平稳置于刚性基础上，击实筒内壁和底板涂一薄层润滑油，连接好击实筒与底座，安装好护筒。从提前制备好的五份土样当中，取出一份拌匀，称取一定量试样，分 3 层倒入击实筒内，每层土倒入后，整平土面，按计算的锤击数击实。手动击实时，应保证使击锤自由铅直下落，锤击点必须均匀分布于土面上。每层击实后的高度宜为筒高的 1/3；每层击实后用钢尺量取击实后土样表面至护筒顶面的距离，计算该层厚度是否为筒高的 1/3。每层交界处的土面应刨毛。击实完成后超出击实筒顶的试样高度应小于 6mm。

动画：击实试验规范操作

【步骤 4】 卸下护筒，超高用直刮刀修平击实筒顶部的试样，拆除底板，试样底部若超出筒外，也应修平，擦净筒外壁，称筒与试样的总质量，准确至 1g，并计算试样的湿密度。

【步骤 5】 用推土器（图 2－6－3）将试样从击实筒中推出，从试样中心处取 2 个代表性试样测定含水率，2 个含水率的差值应不大于±1%。

【步骤 6】 对不同含水率的试样依次击实。

3. 试验成果整理

（1）按《标准》中击实试验部分第 13.4.1～13.4.3 条计算击实后各试样的含水率、干密度和饱和含水率。

（2）绘制干密度和含水率的关系曲线。在直角坐标纸上绘制干密度和含水率的关系曲线。并应取曲线峰值点相应的纵坐标为击实试样的最大干密度，相应的横坐标为击实试样的最优含水率。当关系曲线不能绘出峰值点时，应进行补点，土样不宜重复使用。

图 2－6－3　推土器

八、评价反馈

微课：击实试验数据处理

1. 你认为本试验的难点是什么？
2. 你认为本试验中哪些地方可以改进？
3. 请按表 2－6－2 对本试验掌握情况进行自我评价。

表 2-6-2　学生自评表

班　级		姓　名		学号	
学习任务	击　实　试　验				
打分类别	考　核　要　点		分值	得分	备注
常规计分项目	（1）不怕脏、不怕苦、不怕累的劳动精神		15		
	（2）试验操作中求真务实、细致严谨、精益求精（操作规范、细致严谨，不篡改伪造数据）		15		
	（3）天平等试验仪器选用正确，使用规范		10		
	（4）会计算每层土的锤击数、会量测每层土的厚度		10		
	（5）试验操作准确到位，仪器摆放条理规范		10		
	（6）记录表记录真实、计算准确、干净整洁（如若数据处理误差超限，试验重做）		15		
	（7）击实曲线正确，最优含水率和最大干密度正确		15		
	（8）团队配合默契，能展示团队力量		10		
附加分	完成 5 个土样的击实		20		
	仪器工具创新		10		
	会计算机计算和绘图（需提供有力的证明材料或现场显示）		20		
扣分	一旦发现试验中篡改伪造数据本项目 0 分计		−100		
	不能将组内负责任务完成		−30		
总　计					

九、相关知识点

（一）试验相关物理知识

每个土样每层土击实锤击数应根据单位体积击实功确定，如果采用表 2-6-3 中的轻型击实仪，可通过下面算式计算得到每层土的锤击数。

表 2-6-3　击实仪主要部件规格表

试验方法	锤底直径 /mm	锤质量 /kg	落高 /mm	击实筒			护筒高度 /mm
				内径/mm	筒高/mm	容积/cm^3	
轻型	51	2.5	305	102	116	947.4	50

$$mghn\times 分层数 = 筒内土料所受的击实功 = 592.2\times10^3\times10^{-6}\times947.4$$

式中　m—击实锤质量，kg；

g—重力加速度常数，$g=9.81\text{m/s}^2$；

h—击实锤落距，m；

n—每层土的锤击数。

当选用表 2-6-3 中所示轻型击实仪，采用三层击实时

$$2.5\times9.81\times0.305\times3n=592.2\times10^3\times10^{-6}\times947.4$$

$$n=25$$

即每层土的锤击数为 25 下。

实验室的击实仪规格跟表 2-6-3 未必完全相同，只要有一项不同都要先计算出每层的锤击数，然后再按计算得到的锤击数击实。

（二）试验知识

室内扰动土的击实试验一般根据工程实际情况选用轻型击实试验和重型击实试验。我国以往采用轻型击实试验比较多，水库、堤防、铁路路基填土均采用轻型击实试验，高等级公路填土和机场跑道等采用重型击实较多。

土样制备方法不同，所得击实试验成果也不同。试验证明：最大干密度以烘干土最大，风干土次之，天然土最小；最优含水率也因制备方法不同而不同，以烘干土为最低。这种现象在黏土中表现最明显，黏粒含量越大，烘干对最大干密度影响也越大，这显然是烘干影响了胶粒性质，故黏土一般不宜用烘干土备样。《标准》中规定采用干法制备和湿法制备两种方法，一般干法以风干居多，也有用低于60℃烘干的。重型击实试验的试样制备与轻型击实试验相同。只是过筛的筛径和土样数量有所区别。

重复使用土样，对最大干密度和最优含水率以及其他物理性质指标都有一定影响。其原因是：土中的部分颗粒，由于反复击实而破碎，改变了土的级配；其次是试样被击实后要恢复到原来松散状态比较困难，特别是高塑性黏土，再加水时更难以浸透，因而影响试验成果。国内外对此均进行过比较试验，结果表明：重复用土对最大干密度影响较大，差值达0.05～0.08g/cm³；对最优含水率影响较小；对强度指标也有影响。国外的资料也表明，由于重复用土，在击实功能小时，最大干密度的差值为0.02～0.06g/cm³，击实功能大时，差别更大。

《土工试验方法标准》（GB/T 50123—2019）节选如下。

13　击实试验

13.1　一般规定

13.1.1　土样粒径应小于20mm。

13.1.2　本试验分轻型击实和重型击实。轻型击实试验的单位体积击实功约为592.2kJ/m³，重型击实试验的单位体积功约为2684.9kJ/m³。

13.2　仪器设备

13.2.1　本试验所用的主要仪器设备应符合下列规定：

1　击实仪：应符合现行国家标准《土工试验仪器　击实仪》GB/T 22541的规定。由击实筒（图13.2.1-1）、击锤（图13.2.1-2）和护筒组成，其尺寸应符合表13.2.1的规定；

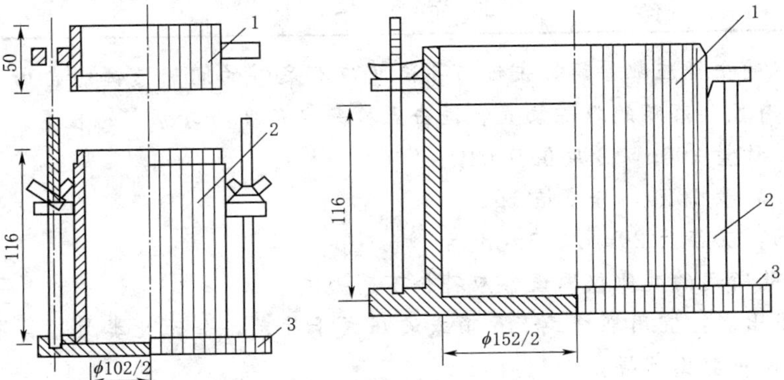

图13.2.1-1　击实筒（单位：mm）

1—护筒；2—击实筒；3—底板

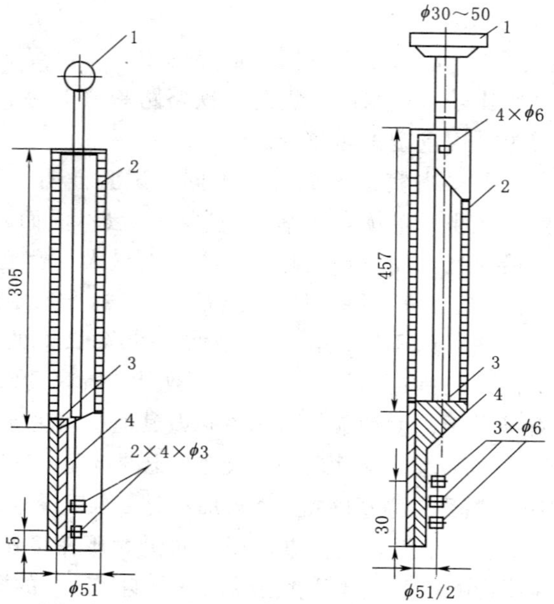

(a) 2.5kg击锤（落高305mm）　(b) 4.5kg击锤（落高457mm）

图 13.2.1-2　击锤与导筒（单位：mm）

1—提手；2—导筒；3—硬橡皮垫；4—击锤

表 13.2.1　　击实仪主要技术指标

试验方法	锤底直径（mm）	锤质量（kg）	落高（mm）	层数	每层击数	击实筒			护筒高度（mm）	备注
						内径（mm）	筒高（mm）	容积（cm³）		
轻型	51	2.5	305	3	25	102	116	947.4	≥50	
				3	56	152	116	2103.9	≥50	
重型		4.5	457	3	42	102	116	947.4	≥50	
				3	94	152	116	2103.9	≥50	
				5	56					

2　击实仪的击锤应配导筒，击锤与导筒间应有足够的间隙使锤能自由下落。电动操作的击锤必须有控制落距的跟踪装置和锤击点按一定角度均匀分布的装置。

3　天平：称量200g，分度值0.01g。

4　台秤：称量10kg，分度值1g。

5　标准筛：孔径为20mm、5mm。

13.2.2　本试验所用的其他仪器设备应符合下列规定：

1　试样推出器：宜用螺旋式千斤顶或液压式千斤顶，如无此类装置，也可用刮刀和修土刀从击实筒中取出试样；

2　其他：烘箱、喷水设备、碾土设备、盛土器、修土刀和保湿设备。

13.3 操作步骤

13.3.1 试样制备可分为干法制备和湿法制备两种方法。

1 干法制备应按下列步骤进行：

1）用四点分法取一定量的代表性风干试样，其中小筒所需土样约为20kg，大筒所需土样约为50kg，放在橡皮板上用木碾碾散，也可用碾土器碾散；

2）轻型按要求过5mm或20mm筛，重型过20mm筛，将筛下土样拌匀，并测定土样的风干含水率；根据土的塑限预估的最优含水率，并按本标准第4.3节规定的步骤制备不少于5个不同含水率的一组试样，相邻2个试样含水率的差值宜为2%；

3）将一定量土样平铺于不吸水的盛土盘内，其中小型击实筒所需击实土样约为2.5kg，大型击实筒所需土样约为5.0kg，按预定含水率用喷水设备往土样上均匀喷洒所需加水量，拌匀并装入塑料袋内或密封于盛土器内静置备用。静置时间分别为：高液限黏土不得少于24h，低液限黏土可酌情缩短，但不应少于12h；

2 湿法制备应取天然含水率的代表性土样，其中小型击实筒所需土样约为20kg，大型击实筒所需土样约为50kg。碾散，按要求过筛，将筛下土样拌匀，并测定试样的含水率。分别风干或加水到所要求的含水率，应使制备好的试样水分均匀分布。

13.3.2 试样击实应按下列步骤进行：

1 将击实仪平稳置于刚性基础上，击实筒内壁和底板涂一薄层润滑油，连接好击实筒与底板，安装好护筒。检查仪器各部件及配套设备的性能是否正常，并做好记录。

2 从制备好的一份试样中称取一定量土料，分3层或5层倒入击实筒内并将土面整平，分层击实。手工击实时，应保证使击锤自由铅直下落，锤击点必须均匀分布于土面上；机械击实时，可将定数器拨到所需的击数处，击数可按表13.2.1确定，按动电钮进行击实。击实后的每层试样高度应大致相等，两层交接面的土面应刨毛。击实完成后，超出击实筒顶的试样高度应小于6mm。

3 用修土刀沿护筒内壁削挖后，扭动并取下护筒，测出超高，应取多个测值平均，准确至0.1mm。沿击实筒顶细心修平试样，拆除底板。试样底面超出筒外时，应修平。擦净筒外壁，称量，准确至1g。

4 用推土器从击实筒内推出试样，从试样中心处取2个一定量的土料，细粒土为15g～30g，含粗粒土为50g～100g。平行测定土的含水率，称量准确至0.01g，两个含水率的最大允许差值应为±1%。

5 应按本条第1款～第4款的规定对其他含水率的试样进行击实。一般不重复使用土样。

13.4 计算、制图和记录

13.4.1 击实后各试样的含水率应按下式计算：

$$w=\left(\frac{m_0}{m_d}-1\right)\times 100 \tag{13.4.1}$$

13.4.2 击实后各试样的干密度应按下式计算，计算至0.01g/cm³。

$$\rho_d=\frac{\rho}{1+0.01w} \tag{13.4.2}$$

13.4.3 土的饱和含水率应按下式计算：

$$w_{sat}=\left(\frac{\rho_w}{\rho_d}-\frac{1}{G_s}\right)\times 100 \tag{13.4.3}$$

式中：w_{sat}——饱和含水率（%）；

ρ_w——水的密度（g/cm³）。

13.4.4 以干密度为纵坐标，含水率为横坐标，绘制干密度与含水率的关系曲线。曲线上峰值点的纵、横坐标分别代表土的最大干密度和最优含水率。曲线不能给出峰值点时，应进行补点试验。

13.4.5 数个干密度下土的饱和含水率应按本标准式（13.4.3）计算。以干密度为纵坐标，含水率为横坐标，在图上绘制饱和曲线。

13.4.6 本试验的记录格式应符合本标准附录D表D.20的规定。

表D.20 击实试验记录表

任务单号		试验者	
试验日期		计算者	
击实仪编号		校核者	
台秤编号		天平编号	
击实筒体积（cm³）		烘箱编号	
落距（mm）		击锤质量（kg）	
每层击数		击实方法	

试样编号	试验序号	干密度					含水率					
		筒加土质量（g）	筒质量（g）	湿土质量 m_0（g）	湿密度 ρ（g/cm³）	干密度 ρ_d（g/cm³）	盒号	湿土质量 m_0（g）	干土质量 m_d（g）	含水率 w（%）	平均含水率 $\overline{w}$（%）	超高（mm）
	最大干密度 ρ_{dmax} （g/cm³）						最优含水率 w_{op} （%）					

课前学生任务单

项目名称	项目二　土工试验
任务名称	任务六　细粒土的击实试验

任务分组

班　级		组　号	
姓　名		学　号	
组长姓名		指导老师	
任务分工	试　验	计　算	校　核
负责人1			
负责人2			

任务目标

1. 了解击实仪工具知识。
2. 巩固“功”的概念，为每层锤击数的计算打基础。
3. 为课中击实试验准备土样。
4. 记录课前发现的问题，课中解惑。

学习步骤

1. 了解击实仪工具知识。
2. 回顾“功”的概念，思考单位体积击实功的计算方法。
3. 预习《土工试验方法标准》(GB/T 50123—2019) 击实试验部分，按心墙黏土料的塑限预估最优含水率，制备不少于5个不同含水率的一组试样，相邻2个试样含水率的差值宜为2%，预估的最优含水率居中。
4. 在活页宝典中记录发现的问题。

击实试验记录表

工程名称		取样部位	
委托单位		试样描述	
任务单号		试验日期	
仪器设备及编号		试验依据	
试验环境		试验描述	

分层数________层　　　每层击实次数：________击

	试验序号	1		2		3		4		5	
干密度	加水量/g										
	筒＋湿土质量/g										
	筒的质量/g										
	湿土质量/g										
	击实筒容积/cm^3										
	湿密度/(g/cm^3)										
	干密度/(g/cm^3)										
含水率	盒号										
	盒质量/g										
	盒＋湿土质量/g										
	盒＋干土质量/g										
	水的质量/g										
	含水率/%										
	平均含水率/%										
击实曲线	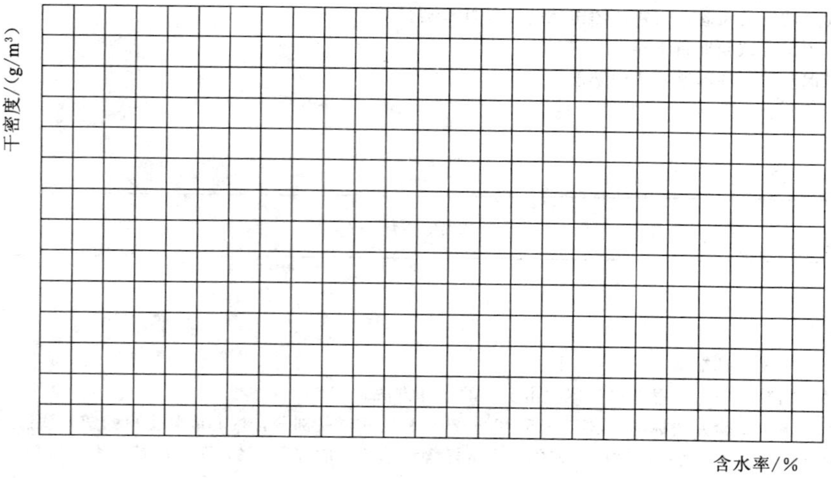										

最大干密度/(g/cm^3)		最优含水率/%	

试验：　　　　　　　　　　计算：　　　　　　　　　　校核：

活 页 宝 典

课程名称		任课教师	
班级姓名		学 号	
项目名称		任务名称	
活页笔记			
思维导图			
创新点			
活页测评			

任务七 粗粒土的相对密实度试验

一、工作任务

小浪底大坝为黏土斜心墙土石坝，横断面图如图 2-1-1 所示，坝体各区所采用的土石材料中有机质含量均小于 5%。图中①区为黏土斜心墙，②A和②B区为反滤层，反滤层施工之后需要根据最大干密度（最小孔隙比）和最小干密度（最大孔隙比）计算其相对密实度，进而判断反滤层的施工质量。请根据《标准》中相对密实度试验节选完成以下任务。

任务 2-7-1：②A区为斜心墙下游的第一层反滤层，采用 0.1～20mm 土料，请测定②A区反滤层土粒的相对密实度。

微课：相对密实度试验工程意义

微课：相对密实度试验方法原理

二、工作目标

测定②A区反滤层土粒的最大干密度（最小孔隙比）和最小干密度（最大孔隙比）。

三、任务分组

表 2-7-1 任务分组表

班级		组号	
姓名		学号	
组长姓名		指导老师	
任务分工	试验	计算	校核
负责人 1			
负责人 2			

四、引导问题

1. 什么是土粒的干密度？
2. 什么是土粒的最大干密度？
3. 什么是土粒的最小干密度？
4. 根据《标准》中相对密实度试验节选，测定土粒最大干密度有哪些方法？本任务该如何选择试验方法？
5. 根据《标准》中相对密实度试验节选，测定土粒最小干密度有哪些方法？本任务该如何选择试验方法？
6. 砂土的相对密实度越小，说明砂土越________。
7. 振击法适用于________，漏斗法适用于________。

8. 提放锥形塞时，应使漏斗口与砂面始终保持大约________cm。

五、工作计划

（一）课前

(1) 由相对密实度的概念思考相对密实度的检测方法。

(2) 回顾干密度的概念。

（二）课中

(1) 阅读《标准》中相对密实度试验部分，根据工作任务选择试验方法，并进行小组任务分工。

(2) 根据试验方法进行工作准备。

(3) 进行试验并做好试验记录。

(4) 进行数据处理。

(5) 在活页宝典中记录发现的问题。

(6) 填写学生自评表进行自我评价，并向老师反馈试验中发现的问题。

（三）课后

(1) 用思维导图归纳总结相对密实度试验。

(2) 记录试验中的创新想法。

六、进度决策

动手试验前要熟读《标准》中相对密实度试验部分，理解规范内容，讨论如何选择最大干密度、最小干密度试验的方法；结合工程情况，小组充分讨论确定试验方法；规范操作完成试验，根据自评表逐项检查进行自评；及时反馈试验中发现的问题，最后总结归纳相对密实度试验，并用思维导图记录在活页宝典中。详细步骤及各步骤参考时间如下：

阅读《标准》中相对密实度试验部分（10min）→思考如何选择试验方法（10min）→根据工作任务选择试验方法（5min）→进行任务分工（5min）。

工作准备（5min）→确定试验方法（15min）。

振击法：土样风干（7h）→称样（15min）→分层振击（20min）→数据处理（15min）。

漏斗法：土样风干（7h）→放锥形塞（10min）→称样（15min）→倒样至漏斗（15min）→数据处理（15min）。

七、工作实施

根据《标准》相对密实度试验部分，需要根据土粒粒径选择相应的试验方法。将土料先过5mm筛，将筛上和筛下土料分别收集并记录质量，然后根据土粒粒径按《标准》相对密实度试验部分选择试验方法。任务2-7-1中②A区土料粒径为0.1～20mm，最大干密度用振击法进行检测，最小干密度采用固定漏斗法进行；②A区反滤层土粒的相对密实度最终通过振击法和漏斗法测得的结果综合计算得到。

1. 最大干密度试验检测——振击法

（1）工作准备。

1）仪器设备。最大干密度测定试验所使用的设备主要包括以下几个部分：

a. 金属圆筒：用以盛装土样，如图 2－7－1 所示。常见规格有容积为 $250cm^3$（内径 5cm）和 $1000cm^3$（内径 10cm）两种圆柱筒（高度均为 12.7cm），并附有相应规格的护筒。

b. 振动叉：其形式和尺寸如图 2－7－2 所示。

c. 击锤：如图 2－7－3 所示，锤重 1.25kg，直径 5cm，锤落高 15cm。

d. 台秤：量程 5000g，最小分度值 1g。

动画：最小干密度试验规范操作

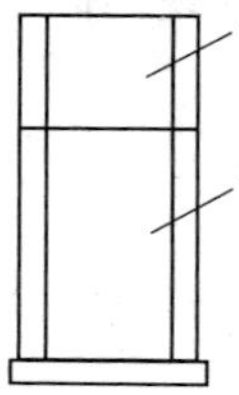

图 2－7－1　金属圆筒

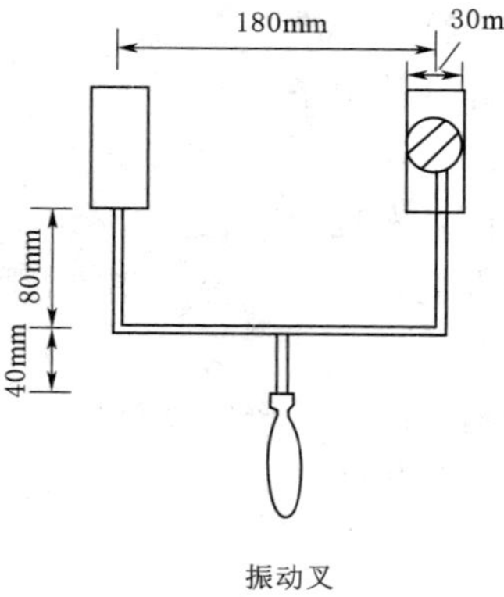

图 2－7－2　振动叉

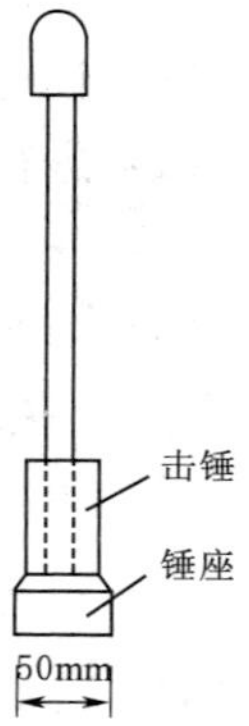

图 2－7－3　击锤

2）技术资料：①《标准》中相对密实度试验最大干密度试验部分；②最大干密度试验记录表。

（2）开展试验。如实填写相对密实度试验记录表中的试验任务分工的试验者、计算者和校核者等信息，开始做试验。

【步骤 1】 取 4000g 风干或烘干的无黏性土土样，分为均匀等量的四份。

【步骤 2】 取其中一份，分三层倒入金属圆筒中，每层倒入土量 600～800g（以振击后体积略大于金属圆筒容积的三分之一为宜。太少击实不到标准体积，影响测定；太多，意味着本试验所能提供的能量不够，无法实现最密实状态）。

【步骤 3】 将击锤放入筒中，提升击锤至高度上限，以 30～60 次/min 自由落下击打试样表面；同时在击打过程中，使用振动叉往返敲击圆筒两侧，频率 150～200 次/min。一般需振击 5～10min，直至试样的体积不再改变为止。且在第三次装样前，要先套入护筒，再行振动击实。放入护筒时一定要尽量平整套入，并去除击实筒与护筒结合部的细土颗粒，否则容易导致护筒与击实筒卡壳，在击实后无法拔出。

【步骤 4】 在三层击打以后，卸除护筒，用刮刀刮除上覆余土后，将土样连击实筒一并称重，扣除击实筒质量后，根据土样体积和质量，计算土体的最大干密度和最小孔隙比。

【步骤 5】 取另一份土样重复【步骤 2】～【步骤 4】，进行平行测定。

(3) 试验成果整理。

1) 根据量筒体积 V_s 和称取的试样的质量 m_s，由式 (2-7-1) 计算试样的最大干密度：

$$\rho_{d,max}=\frac{m_s}{V_s} \tag{2-7-1}$$

2) 试验时应进行两次平行测定，两次平行测定得到的计算结果误差不超过 0.03g/cm³ 时，则以其算术平均值作为最终结果，否则重新测定。

3) 根据平均最大干密度和最小干密度，由式 (2-7-2) 计算土体的最小孔隙比，精确到 0.01。

$$e_{min}=\frac{\rho_w G_s}{\rho_{d,max}}-1 \tag{2-7-2}$$

2. 最小干密度试验检测——漏斗法

(1) 工作准备。

1) 仪器设备。

a. 玻璃量筒：可以选用 500cm³ 和 1000cm³ 两种，后者内径应大于 6cm。

b. 长颈漏斗：要求径口磨平，径管内径约为 1.2cm，如图 2-7-4 所示。

c. 锥形塞：直径为 1.5cm 的圆锥体焊接于铁杆上，如图 2-7-4 所示。

d. 砂面拂平器：如图 2-7-5 所示。

e. 天平：量程 1000g，最小分度值 1g。

f. 橡皮板（量筒法专用）

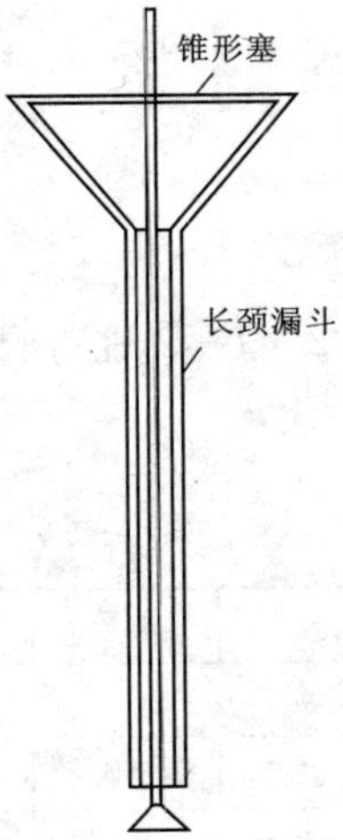

图 2-7-4　长颈漏斗

图 2-7-5　砂面拂平器

动画：最大干密度试验规范操作

2) 技术资料：①《标准》中相对密实度试验最小干密度试验部分。②最小干密度试验记录表。

(2) 开展试验。如实填写相对密实度试验记录表中的试验任务分工的试验者、计算者和校核者等信息，开始做试验。

【步骤1】 先称取1500g充分风干或烘干的土样，搓揉或用圆木棍将其在橡皮板上碾散后拌和均匀备用。

【步骤2】 将锥形塞插入漏斗中（自下口穿入），并提起长柄，使椎体将漏斗的底部堵住，一起放入体积为1000cm^{3}的量筒中，并保证锥形塞底部与量筒底部接触。

【步骤3】 称取700g土样，均匀倒入漏斗中。倒入时，将塞子和漏斗同时提起，在下移锥形塞，使得漏斗中的砂漏入量筒中。提起锥形塞时注意，应使漏斗口与砂面始终保持大约1～2cm的距离，以保证土样能缓慢均匀落入量筒。

【步骤4】 待所称量的土样均落入量筒后，取出漏斗与锥形塞，用砂面抚平器轻轻将试样表面抚平，并注意勿使量筒振动，然后测量记录试样的体积V_s。

（3）试验结果的整理

1）根据量筒体积V_s和称取的试样的质量m_s，由下式试样的最小干密度：

$$\rho_{d,min}=\frac{m_s}{V_s} \tag{2-7-3}$$

2）试验时应进行两次平行测定，两次平行测定得到的计算结果误差不超过0.03g/cm^{3}时，则以其算术平均值作为最终结果，否则重新测定。

3）根据平均最小干密度，由下式计算土体的最大孔隙比，精确到0.01。

$$e_{max}=\frac{\rho_w G_s}{\rho_{d,min}}-1 \tag{2-7-4}$$

4）最后，根据已知的初始孔隙比，按下式计算土体的相对密实度。

$$D_r=\frac{e_{max}-e_0}{e_{max}-e_{min}} \tag{2-7-5}$$

八、评价反馈

微课：相对密实度试验数据处理

1. 你认为本试验的存在的问题是什么？
2. 你认为本试验中哪些地方可以改进？
3. 你是否掌握了相对密实度检测技能呢？请根据表2-7-2进行自我评价，得分和扣分说明填在备注里。

表2-7-2　相对密实度试验学生自评表

<table>
<tr><td>班　级</td><td></td><td>姓　名</td><td></td><td>学号</td><td colspan="2"></td></tr>
<tr><td>学习任务</td><td colspan="6">粗粒土的相对密实度试验</td></tr>
<tr><td>打分类别</td><td colspan="3">考　核　要　点</td><td>分值</td><td>得分</td><td>备注</td></tr>
<tr><td rowspan="6">常规计分项目</td><td colspan="3">（1）会根据工程情况选择最大干密度、最小干密度检测方法</td><td>15</td><td></td><td></td></tr>
<tr><td colspan="3">（2）天平、台秤等试验仪器选用正确，使用规范</td><td>15</td><td></td><td></td></tr>
<tr><td colspan="3">（3）试验操作规范、准确到位，仪器摆放条理规范</td><td>20</td><td></td><td></td></tr>
<tr><td colspan="3">（4）记录表记录规范、干净整洁</td><td>20</td><td></td><td></td></tr>
<tr><td colspan="3">（5）数据处理正确，相对密实度检测结论准确</td><td>20</td><td></td><td></td></tr>
<tr><td colspan="3">（6）团队配合默契，能展示团队力量</td><td>10</td><td></td><td></td></tr>
</table>

续表

附加分	试验仪器工具等有创新想法	20		
	数据处理有创新	10		
	试验精益求精，具有工匠精神	20		
扣分	试验中篡改伪造数据	−100		
	不能将组内负责任务完成	−30		
总　计				

九、相关知识点

砂土的相对密实度相当于黏性土的稠度，近年来，为了研究砂土的液化，对该试验要求增加了。但是，该试验在国际上并无统一标准，试验者应根据以往的经验研究来选择试验方法。这样，对于同一种砂土相同的孔隙比，却得出不同的相对密实度。

《土工试验方法标准》(GB/T 50123—2019) 节选如下。

12　相对密度试验

12.1　一般规定

12.1.1　土样为能自由排水的砂砾土，粒径不应大于 5mm，其中粒径为 2mm～5mm 的土样质量不应大于土样总质量的 15%。

12.1.2　最小干密度试验宜采用漏斗法和量筒法，最大干密度试验宜采用振动锤击法。

12.1.3　本试验应进行两次平行测定，两次测定值其最大允许平行差值应为 $\pm 0.03\text{g/cm}^3$，取两次测值的算术平均值为试验结果。

12.2　最小干密度试验

12.2.1　本试验所用的主要仪器设备应符合下列规定：

1　量筒：容积为 500mL 及 1000mL 两种，后者内径应大于 6cm；

2　长颈漏斗：颈管内径约 1.2cm，颈口磨平；

3　锥形塞：直径约 1.5cm 的圆锥体，焊接在铜杆下端（图 12.2.1）；

4　天平：称量 1000g，分度值 1g；

5　砂面拂平器。

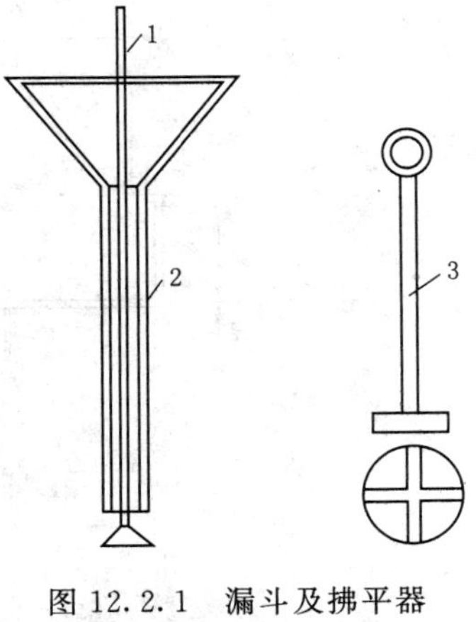

图 12.2.1　漏斗及拂平器

1—锥形塞；2—长颈漏斗；3—砂面拂平器

12.2.2　最小干密度试验应按下列步骤进行：

1　取代表性的烘干或充分风干试样约 1.5kg，用手搓揉或用圆木棍在橡皮板上碾散，并应拌和均匀；

2　将锥形塞杆自漏斗下口穿入，并向上提起，使锥体堵住漏斗管口，一并放入 1000mL 量筒中，使其下端与筒底接触；

3　称取试样 700g，应准确至 1g，均匀倒入漏斗中，将漏斗与塞杆同时提高，然后下放塞杆使锥体略离开管口，管口应经常保持高出砂面1cm～2cm，使试样缓缓且均匀分布地落入量筒中；

4 试样全部落入量筒后，取出漏斗与锥形塞，用砂面拂平器将砂面拂平，勿使量筒振动，然后测读砂样体积，估读至5mL；

5 用手掌或橡皮板堵住量筒口，将量筒倒转，然后缓慢地转回原来位置，如此重复几次，记下体积的最大值，估读至5mL；

6 从本标准第12.2.2条第4款和第5款两种方法测得的体积值中取体积值较大的一个，为松散状态时试样的最大体积。

12.2.3 最小干密度应按下式计算，计算至0.01g/cm³：

$$\rho_{\mathrm{dmin}}=\frac{m_{\mathrm{d}}}{V_{\max}} \tag{12.2.3}$$

式中：ρ_{dmin}——最小干密度（g/cm³）；

$V_{\max}$——松散状态时试样的最大体积（cm³）。

12.2.4 最大孔隙比应按下式计算：

$$e_{\max}=\frac{\rho_{\mathrm{w}}G_{\mathrm{s}}}{\rho_{\mathrm{dmin}}}-1 \tag{12.2.4}$$

式中：$e_{\max}$——最大孔隙比。

12.2.5 本试验的记录格式应符合本标准附录D表D.19的规定。

12.3 最大干密度试验

12.3.1 本试验所用的主要仪器设备应符合下列规定：

1 金属容器，有两种：

1）容积250mL，内径5cm，高12.7cm；

2）容积1000mL，内径10cm，高12.75cm。

2 振动叉（图12.3.1-1）；

3 击锤：锤质量1.25kg，落高15cm，锤底直径5cm（图12.3.1-2）；

4 台秤：称量5000g，分度值1g。

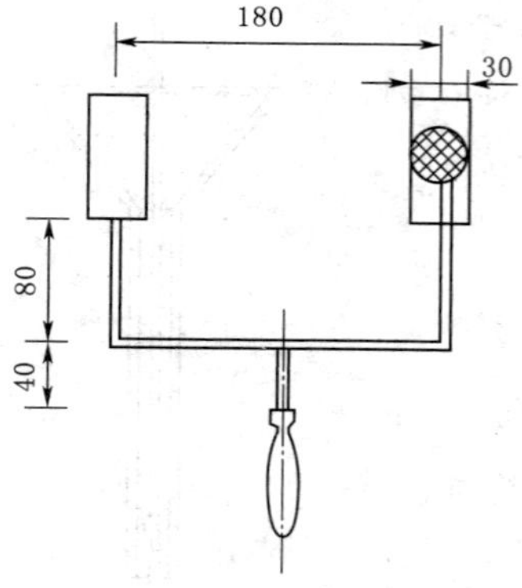

图12.3.1-1 振动叉（单位：mm）

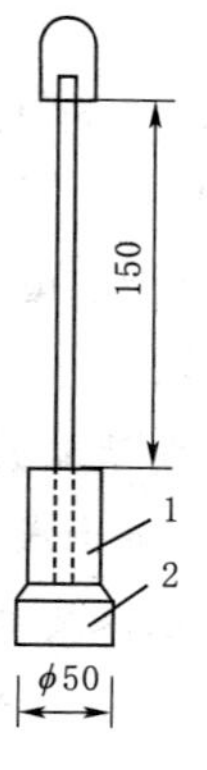

图12.3.1-2 击锤（单位：mm）

1—击锤；2—锤座

12.3.2　最大干密度试验应按下列步骤进行：

1　取代表性的试样约 4kg，应按本标准第 12.2.2 条第 1 款的规定处理；

2　分 3 次倒入容器进行振击。先取代表性试样 600g～800g（其数量应使振击后的体积略大于容器容积的 1/3）倒入 1000mL 容器内，用振动叉以每分钟各 150 次～200 次的速度敲打容器两侧，并在同一时间内，用击锤于试样表面每分钟锤击 30 次～60 次，直至砂样体积不变为止，一般击 5min～10min。敲打时要用足够的力量使试样处于振动状态；锤击时，粗砂可用较少击数，细砂应用较多击数；

3　应符合本标准第 12.3.2 条第 2 款的规定，进行后两次的装样、振动和锤击，第 3 次装样时应先在容器口上安装套环；

4　最后 1 次振毕，取下套环，用修土刀齐容器顶面刮去多余试样，称容器内试样质量，准确至 1g，并记录试样体积，计算其最小孔隙比。

12.3.3　最大干密度应按下式计算，计算至 0.01g/cm³：

$$\rho_{\mathrm{dmax}}=\frac{m_{\mathrm{d}}}{V_{\min}} \qquad (12.3.3)$$

式中：ρ_{dmax}——最大干密度（g/cm³）；

$V_{\min}$——紧密状态时试样的最小体积（cm³）。

12.3.4　最小孔隙比应按下式计算：

$$e_{\min}=\frac{\rho_{\mathrm{w}}G_{\mathrm{s}}}{\rho_{\mathrm{dmax}}}-1 \qquad (12.3.4)$$

式中：$e_{\min}$——最小孔隙比。

12.3.5　相对密度应按下列公式计算：

$$D_{\mathrm{r}}=\frac{e_{\max}-e_{0}}{e_{\max}-e_{\min}} \qquad (12.3.5-1)$$

$$D_{\mathrm{r}}=\frac{(\rho_{\mathrm{d}}-\rho_{\mathrm{dmin}})\rho_{\mathrm{dmax}}}{(\rho_{\mathrm{dmax}}-\rho_{\mathrm{dmin}})\rho_{\mathrm{d}}} \qquad (12.3.5-2)$$

式中：D_{r}——相对密度，计算至 0.01；

e_{0}——天然孔隙比或填土的相应孔隙比。

12.3.6　本试验的记录格式应符合本标准附录 D 表 D.19 的规定。

表 D.19　　相对密度试验记录表

任务单号		试验者	
试验日期		计算者	
试样编号		校核者	
相对密度仪编号		天平编号	
烘箱编号			

试验项目			最大孔隙比 $e_{\max}$		最小孔隙比 $e_{\min}$		备注
试验方法			漏斗法	量筒法	振打法		
试样加容器质量(g)	(1)	—	—				
容器质量(g)	(2)	—	—				

续表

试验项目			最大孔隙比 e_{max}		最小孔隙比 e_{min}	备注
试验方法			漏斗法	量筒法	振打法	
试样质量 m_d(g)	(3)	(1)−(2)				
试样体积 V(cm^3)	(4)	—				
干密度 ρ_d(g/cm^3)	(5)	(3)/(4)				
平均干密度(g/cm^3)	(6)	—				
比重 G_s	(7)	—				
孔隙比 e	(8)	—				
天然干密度(g/cm^3)	(9)	—				
天然孔隙比 e_0	(10)	—				
相对密度 D_r	(11)	—				

课前学生任务单

项目名称	项目二　土工试验		
任务名称	任务七　粗粒土的相对密实度试验		
任务分组			
班　级		组　号	
姓　名		学　号	
组长姓名		指导老师	
任务分工	试　验	计　算	校　核
负责人 1			
负责人 2			
任务目标			
1. 巩固干密度、孔隙比、相对密实度的概念。 2. 会根据工程情况选择最大干密度试验检测方法。 3. 会根据工程情况选择最小干密度试验检测方法。			
学习步骤			
1. 相对密实度的概念是什么？ 2. 相对密实度的计算公式是什么？ 3. 根据相对密实度的计算公式思考相对密实度试验检测的核心问题是解决什么问题？			

相对密实度试验记录表

振　击　法			最大孔隙比试验		最小孔隙比试验	
试验方法			漏斗法		振击法	
试样加容器质量/g						
容器质量/g						
试样质量/g						
试样体积/cm^3						
干密度/(g/cm^3)						
平均干密度/(g/cm^3)						
土粒比重						
孔隙比						
天然干密度/(g/cm^3)						
天然孔隙比						
相对密实度						

试验：　　　　　　　　　　　　计算：　　　　　　　　　　　　校核：

活　页　宝　典

课程名称		任课教师	
班级姓名		学　　号	
项目名称		任务名称	
活页笔记			
思维导图			
创新点			
活页测评			

任务八　渗　透　试　验

一、工作任务

小浪底大坝为黏土斜心墙土石坝，横断面图如图2-1-1所示，坝体各区所采用的土石材料中有机质含量均小于5%。图中①区为黏土斜心墙，为了防止水流沿着坝体发生渗漏，需要测定黏土心墙的渗透系数，进而判断是否达到设计要求；②A和②B区为反滤层，反滤层施工之后需要根据测定其渗透系数，进而判断反滤层的施工质量，防止土体发生渗透变形。请根据《标准》中渗透试验节选完成以下任务。

任务2-8-1：根据《碾压式土石坝设计规范》(SL 274—2020)，黏性土的施工填筑渗透系数应不大于1×10^{-5}cm/s。请测定①区心墙土料的渗透系数，进而判断料场土料是否满足设计要求。

任务2-8-2：②B区为斜心墙下游的第二层反滤层，采用5～60mm土料，请测定②B区反滤层土粒的渗透系数。

二、工作目标

(1) 测定①区黏土心墙的渗透系数。

(2) 测定②B区反滤层的渗透系数。

微课：渗透试验工程意义

微课：渗透试验方法原理

三、任务分组

表2-8-1　　任务分组表

班　级		组　号	
姓　名		学　号	
组长姓名		指导老师	
任务分工	试　验	计　算	校　核
负责人1			
负责人2			

四、引导问题

1. 土体内具有相互连通的孔隙，当土体两点之间有________，则渗流发生。

2. 渗流速度$v=$________，与________成正比，与________成反比。

3. 地下水在土体孔隙中渗流时，达西定律的适用于__________情况，其表达式为________。只有在水力坡降__________起始水力坡降时才发生渗流。

4. 渗透系数的测定方法有________、________、________、________等。

5. 常水头法适用于________土，变水头法适用于________土。

6. 渗透系数是表示土的__________指标，其物理意义为________，量纲与________相同。

7. 影响渗透系数的因素主要有________、________、________、________、________。

五、工作计划

（一）课前

由渗透系数的概念思考渗透系数的检测方法。

（二）课中

（1）阅读《标准》中渗透系数测定试验部分，根据工作任务选择试验方法，并进行小组任务分工。

（2）根据试验方法进行工作准备。

（3）进行试验并做好试验记录。

（4）进行数据处理。

（5）在活页宝典中记录发现的问题。

（6）填写学生自评表进行自我评价，并向老师反馈试验中发现的问题。

（三）课后

（1）用思维导图归纳总结渗透系数测定试验。

（2）记录试验中的创新想法。

六、进度决策

阅读《标准》中渗透系数测定试验部分（10min）→思考如何选择试验方法（10min）→根据工作任务选择试验方法（5min）→进行任务分工（5min）。

工作准备（5min）→确定试验方法（15min）。

变水头渗透试验：制备土样（24h）→切取土样（15min）→装样（20min）供水（3min）→排气（6h）→测记（30min）→数据处理（15min）。

常水头渗透试验：制备土样（24h）→切取土样（15min）→装样（20min）供水（3min）→排气（6h）→测记（30min）→数据处理（15min）。

七、工作实施

（一）任务2-8-1①区心墙土料渗透系数检测工作实施

根据《标准》渗透系数测定试验部分，需要根据土粒粒径选择渗透系数测定试验方法。根据土粒粒径按《标准》渗透系数测定试验部分选择试验方法。任务2-8-1中①区心墙土料为黏性土，用变水头法进行；②B反滤层为无黏性采用常水头法测定渗透系数。

1. 工作准备

（1）仪器设备

1）渗透容器：由环刀、透水石、套环、上盖和下盖组成。环刀内径61.8mm，高

40mm；透水石的渗透系数应大于 10^{-3}cm/s。

2）变水头装置：由渗透容器、变水头管、供水瓶、进水管等组成（图 2-8-1）。变水头管的内径应均匀，管径不大于 1cm，管外壁应有最小分度为 1.0mm 的刻度，长度宜为 2m 左右。

3）其他：量筒、秒表、温度计、凡士林等。

（2）技术资料：①《标准》中渗透试验变水头渗透试验部分；②变水头法试验记录表。

2. 试验准备

（1）制备土样。

1）将土样从土样筒或包装袋中取出，对土样颜色、气味、夹杂物和土类及均匀程度进行描述，并将土样切成碎块，拌和均匀，取代表性土样测定含水率。

2）根据试验需要的试样数量，将土碾散后过筛。用于物理性质试验（液、塑限试验）的土样过 0.5mm 筛，用于力学性质试验（固结、渗透、剪切试验）过 2mm 筛。过筛后的土样，取筛下土采用四分对角取样法或者分砂器取出试验需要的、足够数量的代表性试验用土，分别装入玻璃缸并贴标签。

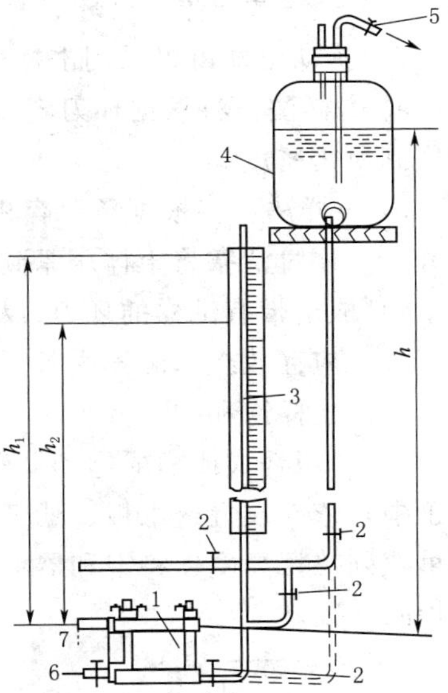

图 2-8-1　变水头渗透试验装置示意图

1—渗透容器；2—进水管夹；3—变水头管；4—供水瓶；5—接水源管；6—排气水管；7—出水管

注：四分法就是将原始样品做成平均样品，即将原始样品充分混合均匀后堆集在清洁的玻璃板上，压平成一定厚度的形状，并划成对角线或“十”字线，将样品分成四份，取对角线的两份混合，再分为四份，取对角线的两份。反复操作直至取得所需数量为止，此即为试验所需的样品。

3）取过筛后的风干土 1～5kg，测定土的风干含水率 w_0，设需配制成含水率为 w_1 的土样备用，则需要加水的质量为

$$m_w=\frac{m_0}{1+0.01w_0}\times 0.01(w_1-w_0) \tag{2-8-1}$$

式中　m_w——制备试样所需要的加水量，g；

m_0——湿土（或风干土）质量，g；

w_0——湿土（或风干土）含水率，%；

w_1——制样要求的含水率，%。

4）称取过筛的风干土样平铺于搪瓷盘内，将水均匀喷洒于土样上，充分拌匀后装入盛土器内盖紧，浸润一昼夜，砂土的浸润时间可以酌减。

5）测定浸润土样不同位置处的含水率，不应少于两点，要求实测含水率与制备期望含水率差值不超过±1%。

6）根据环刀容积及所需的干密度，制样所需的湿土量应按下式计算：

$$m_0=(1+0.01w_0)\rho_d V \tag{2-8-2}$$

式中　ρ_d——试样的干密度，g/cm³；

V——试样体积（环刀容积），cm³。

7）扰动土样可以采用击样法和压样法：

a. 击样法：将根据环刀容积和要求干密度所需质量的湿土倒入装有环刀的击样器内，击实到所需密度。

b. 压样法：将根据环刀容积和要求干密度所需质量的湿土倒入装有环刀的压样器内，以静压力通过活塞将土样压紧到所需密度。

8）取出带有试样的环刀，称环刀和试样总质量，对不需要饱和，且不立即进行试验的试样，应存放在保湿器内备用。

（2）土样饱和。

1）选用叠式或框式饱和器和真空饱和装置（图2-8-2所示）。在叠式饱和器下夹板的正中，依次放置透水板、滤纸、带试样的环刀、滤纸、透水板、如此顺序重复，由下向上重叠到拉杆高度，将饱和器上夹板盖好后，拧紧拉杆上端的螺母，将各个环刀在上、下夹板间夹紧。

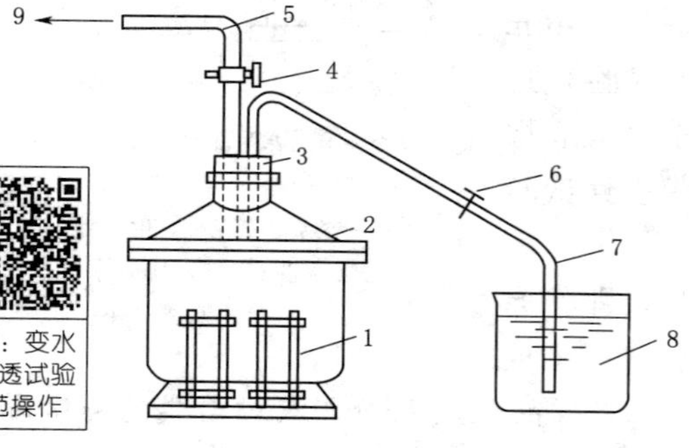

动画：变水头渗透试验规范操作

图2-8-2　真空饱和装置

1—饱和器；2—真空缸；3—橡皮塞；4—二通阀；5—排气管；6—管夹；7—引水管；8—盛水器；9—接抽气机

2）将装有试样的饱和器放入真空缸内，真空缸和盖之间涂一薄层凡士林，盖紧。将真空缸与抽气机接通，启动抽气机，当真空压力表读数接近当地一个大气压值时（抽气时间不少于1h），微开管夹，使清水徐徐注入真空缸，在注水过程中，真空压力表读数宜保持不变。

3）待水淹没饱和器后停止抽气。开管夹使空气进入真空缸，静止一段时间，细粒土宜为10h，使试样充分饱和。

4）打开真空缸，从饱和器内取出带环刀的试样，称环刀和试样总质量，按公式计算饱和度。当饱和度低于95%时，应继续抽气饱和。

3. 开展试验

【步骤1】　切取试样。用环刀切取原状试样，并对试样进行饱和。

【步骤2】　装样。将装有试样的环刀装入渗透容器，用螺母旋紧，要求密封至不漏水漏气。

【步骤3】　排气。将渗透容器的进水口与变水头管连接，利用供水瓶中的纯水向进水管注满水，并渗入渗透容器，开排气阀，排除渗透容器底部的空气，直至溢出水中无气泡，关排水阀，放平渗透容器，关进水管夹。

【步骤4】　供水。向变水头管注纯水。使水升至预定高度，水头高度根据试样结构的疏松程度确定，一般不应大于2m，待水位稳定后切断水源，开进水管夹，使水通过试样，当出水口有水溢出时开始测记变水头管中起始水头高度和起始时间，按预定时间间隔记水头和时间的变化，并测记出水头的水温。

【步骤 5】 测记。将变水头管中的水位变换高度，待水位稳定再进行测记水头和时间变化，重复试验 5～6 次。当不同开始水头下测定的渗透系数在允许误差范围内时，结束试验。

4. 试验成果整理

(1) 变水头渗透系数应按下式计算：

$$k_T = 2.3\frac{aL}{A(t_2 - t_1)}\lg\frac{H_1}{H_2} \tag{2-8-3}$$

式中 k_T——试验温度下的渗透系数，cm/s；

a——变水头管的断面积，cm^2；

L——渗径，即试样高度，m；

A——试样的断面积，cm^2；

t_1，t_2——分别为测读水头的起始和终止时间，s；

H_1，H_2——起始和终止水头，cm。

(2) 本试验以水温 20℃为标准温度，标准温度下的渗透系数应按下式计算：

$$k_{20} = k_T\frac{\eta_T}{\eta_{20}} \tag{2-8-4}$$

式中 k_{20}——标准温度时试样的渗透系数，cm/s；

η_T——T℃时水的动力黏滞系数，kPa·s；

η_{20}——20℃时水的动力黏滞系数，kPa·s。

黏滞系数比 η_T/η_{20} 查表 2-8-2。

表 2-8-2　η_T/η_{20} 与温度关系表

温度/℃	5.0	5.5	6.0	6.5	7.0	7.5	8.0	8.5	9.0	9.5	10.0	10.5
$\frac{\eta_T}{\eta_{20}}$	1.501	1.478	1.455	1.435	1.414	1.393	1.373	1.353	1.334	1.315	1.297	1.279
温度/℃	11.0	11.5	12.0	12.5	13.0	13.5	14.0	14.5	15.0	15.5	16.0	16.5
$\frac{\eta_T}{\eta_{20}}$	1.261	1.243	1.227	1.211	1.194	1.176	1.168	1.148	1.133	1.119	1.104	1.090
温度℃	17.0	17.5	18.0	18.5	19.0	19.5	20.0	20.5	21.0	21.5	22.0	22.5
$\frac{\eta_T}{\eta_{20}}$	1.077	1.066	1.050	1.038	1.025	1.012	1.000	0.988	0.976	0.964	0.958	0.943
温度/℃	23.0	24.0	25.0	26.0	27.0	28.0	29.0	30.0	31.0	32.0	33.0	34.0
$\frac{\eta_T}{\eta_{20}}$	0.932	0.910	0.890	0.870	0.850	0.833	0.815	0.798	0.781	0.765	0.750	0.735

注 1. 根据计算的渗透系数，应取 3～4 个在允许差值范围内的数据平均值，作为试样在该孔隙比下的渗透系数（允许差值不大于 2×10^{-n}）。

2. 当进行不同孔隙比下的渗透试验时，应以孔隙比为纵坐标，渗透系数的对数为横坐标，绘制关系曲线。

(二) 任务 2-8-2 ⑵Ⓑ区反滤层渗透系数检测工作实施

根据《标准》中渗透系数测定试验部分，需要根据土粒粒径选择渗透系数测定试验方法。根据土粒粒径按《土工试验方法标准》（GB/T 50123—2019）渗透系数测定试验部分选择试验方法。任务 2-8-2 中①区心墙土料为黏性土，用变水头法进行；②B反滤层为无黏性采用常水头法测定渗透系数。

1. 工作准备

（1）仪器设备。

1）常水头渗透仪装置：由金属封底圆筒、金属孔板、滤网、测压管和供水瓶组成。金属圆筒内径为 10cm，高 40cm，如图 2-8-3 所示。

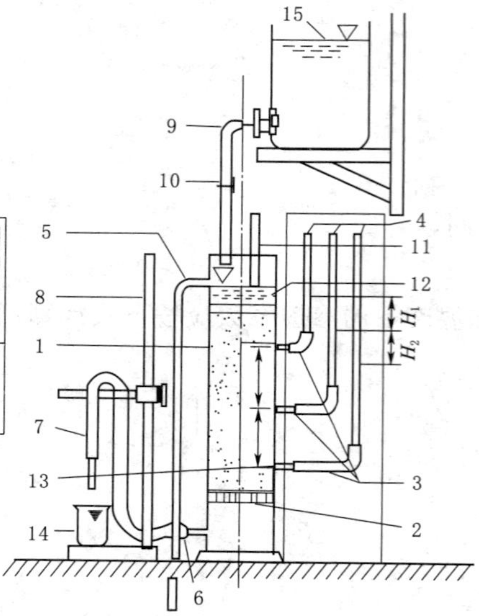

微课：常水头渗透试验规范操作

图 2-8-3　常水头渗透试验装置示意图

1—金属圆筒；2—金属孔板；3—测压孔；4—测压管；5—溢水孔；6—渗水孔；7—调节管；8—滑动架；9—供水管；10—止水夹；11—温度计；12—砾石层；13—试样；14—量杯；15—供水瓶

2）温度计：分度值 0.5℃。

3）其他：秒表、天平、量杯等。

（2）技术资料：①《土工试验方法标准》（GB/T 50123—2019）渗透试验常水头渗透试验部分。②常水头法试验记录表。

2. 试验准备

（1）试样制备（同上）。

（2）试样饱和（同上）。

3. 开展试验

【步骤 1】 按要求装好仪器，量测滤网至筒顶的高度，将调节管和供水管相连。从渗水孔向圆筒充水至高出滤网顶面。

【步骤 2】 取具有代表性的风干土样 3～4kg，测定其风干含水率。将风干土样分层装入圆筒内，每层 2～3cm，根据要求的孔隙比，控制试样厚度。当试样中含黏粒时，应在滤网上铺 2cm 厚的粗砂作为过滤层，防止细粒流失。每层试样装完后从渗水孔向圆筒充水至试样顶面，最后一层试样应高出测压管 3～4cm，并在试样顶面铺 2cm 砾石作为缓冲层。当水面高出试样顶面时，应继续充水至溢水孔有水溢出。

【步骤 3】 量试样顶面至筒顶高度，计算试验高度，称剩余土样的质量，计算试样质量。

【步骤 4】 检查测压管水位，当测压管与溢水孔水位不平时，用吸球调整测压管水位，直至两者齐平。

【步骤 5】 将调节管提高至溢水孔上，将供水瓶放入圆筒内，开止水夹，使水由顶部注入圆筒，降低调节管至试样上部 1/3 高度处，形成水位差使水渗入试样，经过调节管流出。调节供水管止水夹，使进入圆筒的水量多于溢出的水量，溢水孔始终有水溢出，保持圆筒内水位不变，试样处于常水头下渗透。

【步骤 6】 当测压管水位稳定后，测记水位，并计算各测压管之间的水位差。按规定时间计算渗出水量，接取渗出水量时，调节管口不得浸入水中，测量进水和出水处的水温，取平均值。

【步骤 7】 降低调节管至试样的中部和下部 1/3 处，按【步骤 5】、【步骤 6】重复测定渗出水量和水温，当不同水力坡降下测定的数据接近时，结束试验。

【步骤 8】 根据工程需要，改变试样的孔隙比，继续试验。

4. 试验结果的整理

（1）常水头渗透系数应按下式计算：

$$k_T=\frac{QL}{AHt} \tag{2-8-5}$$

式中　k_T——水温为 T℃时试样的渗透系数，cm/s；

Q——时间 t 秒内渗出水量，cm^3；

L——两测压管中心间的距离，cm；

A——试样的断面积，cm^2；

H——平均水位差，cm，$H=(H_1+H_2)/2$；

t——时间，s。

微课：常水头渗透试验数据处理

（2）本试验以水温 20℃为标准温度，标准温度下的渗透系数应按下式计算：

$$k_{20}=k_T\frac{\eta_T}{\eta_{20}} \tag{2-8-6}$$

式中　k_{20}——标准温度时试样的渗透系数，cm/s；

η_T——T℃时水的动力黏滞系数，kPa·s；

η_{20}——20℃时水的动力黏滞系数，kPa·s。

黏滞系数比 η_T/η_{20} 查表 2-8-2。

八、评价反馈

1. 你认为本试验的难点是什么？
2. 你认为本试验中哪些地方可以改进？
3. 试验中对渗透用水、土样切取、排气有何要求？为什么？
4. 你是否掌握了渗透试验检测技能呢？请根据表 2-8-3 进行自我评价，得分和扣分说明填在备注里。

表 2-8-3　　学生自评表

<table>
<tr><td>班　级</td><td></td><td>姓　名</td><td></td><td>学号</td><td colspan="2"></td></tr>
<tr><td>学习任务</td><td colspan="6">渗　透　试　验</td></tr>
<tr><td>打分类别</td><td colspan="3">考　核　要　点</td><td>分值</td><td>得分</td><td>备注</td></tr>
<tr><td rowspan="6">常规计分项目</td><td colspan="3">会根据工程情况选择不同粒径土粒渗透系数的检测方法</td><td>15</td><td></td><td></td></tr>
<tr><td colspan="3">天平、台秤等试验仪器选用正确，使用规范</td><td>15</td><td></td><td></td></tr>
<tr><td colspan="3">试验操作规范、准确到位，仪器摆放条理规范</td><td>20</td><td></td><td></td></tr>
<tr><td colspan="3">记录表记录规范、干净整洁</td><td>20</td><td></td><td></td></tr>
<tr><td colspan="3">数据处理正确，比重检测结论准确</td><td>20</td><td></td><td></td></tr>
<tr><td colspan="3">团队配合默契，能展示团队力量</td><td>10</td><td></td><td></td></tr>
</table>

续表

打分类别	考 核 要 点	分值	得分	备注
附加分	试验仪器工具等有创新想法	20		
	数据处理有创新	10		
	试验精益求精，具有工匠精神	20		
扣分	试验中篡改伪造数据	−100		
	不能将组内负责任务完成	−30		
总 计				

九、相关知识点

室内渗透试验的任务是根据采用的土样进行试验，推导地基的渗透系数，因此，试样必须能代表地基土的性质。但是，由于地基土一般是不均匀的，采用小的试样，一般很难代表这种不均匀性。因此，必须采取各层土的代表性试样进行室内试验，求得平均渗透系数。

《土工试验方法标准》(GB/T 50123—2019) 节选如下。

16 渗透试验

16.1 一般规定

16.1.1 常水头渗透试验适用于粗粒土，变水头渗透试验适用于细粒土。

16.1.2 试验用水宜采用实际作用于土中的天然水。有困难时，可用纯水或经过滤的清水。在试验前必须用抽气法或煮沸法进行脱气。试验时的水温宜高于室温 3℃～4℃。

16.1.3 渗透系数的最大允许差值应为$\pm 2.0\times 10^{-n}$cm/s，在测得的结果中取 3 个～4 个在允许差值范围内的数据，求得其平均值，作为试样在该孔隙比 e 时的渗透系数。

16.1.4 本试验应以水温 20℃为标准温度，计算标准温度下的渗透系数。

16.2 常水头渗透试验

16.2.1 本试验所用的仪器设备应符合下列规定：

1 常水头渗透仪装置：封底圆筒的尺寸参数应符合现行国家标准《岩土工程仪器基本参数及通用技术条件》GB/T 15406 的规定；当使用其他尺寸的圆筒时，圆筒内径应大于试样最大粒径的 10 倍；玻璃测压管内径为 0.6cm，分度值为 0.1cm（图 16.2.1）；

2 天平：称量 5000g，分度值 1.0g；

3 温度计：分度值 0.5℃；

4 其他：木槌、秒表。

16.2.2 常水头渗透试验应按下列步骤进行：

1 应先装好仪器（图 16.2.1），并检查各管路接头处是否漏水。将调节管与供水管连通，由仪器底部充水至水位略高于金属孔板，关止水夹；

2 取具有代表性的风干试样 3kg～4kg，称量准确至 1.0g，并测定试样的风干含水率；

3　将试样分层装入圆筒，每层厚 2cm～3cm，用木棰轻轻击实到一定的厚度，以控制其孔隙比。试样含黏粒较多时，应在金属孔板上加铺厚约 2cm 的粗砂过渡层，防止试验时细粒流失，并量出过渡层厚度；

4　每层试样装好后，连接供水管和调节管，并由调节管中进水，微开止水夹，使试样逐渐饱和。当水面与试样顶面齐平，关止水夹。饱和时水流不应过急，以免冲动试样；

5　按照本标准第 16.2.2 条第 1 款～第 4 款的规定逐层装试样，至试样高出上测压孔 3cm～4cm 为止。在试样上端铺厚约 2cm 砾石作缓冲层。待最后一层试样饱和后，继续使水位缓缓上升至溢水孔。当有水溢出时，关止水夹；

6　试样装好后量测试样顶部至仪器上口的剩余高度，计算试样净高。称剩余试样质量，准确至 1.0g，计算装入试样总质量；

7　静置数分钟后，检查各测压管水位是否与溢水孔齐平。不齐平时，说明试样中或测压管接头处有集气阻隔，用吸水球进行吸水排气处理；

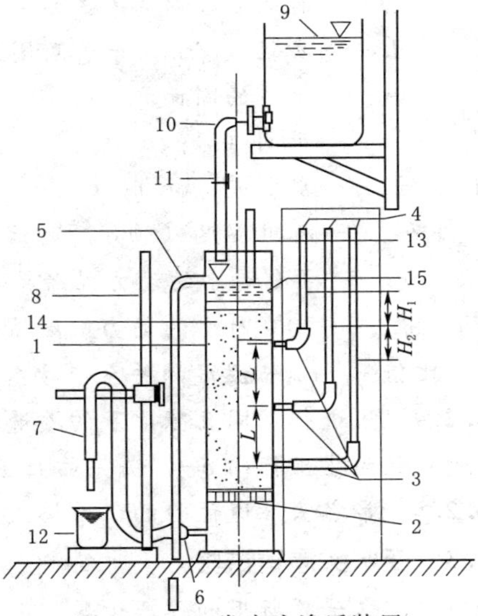

图 16.2.1　常水头渗透装置

1—封底金属圆筒；2—金属孔板；3—测压孔；4—玻璃测压管；5—溢水孔；6—渗水孔；7—调节管；8—滑动支架；9—供水瓶；10—供水管；11—止水夹；12—容量为 500mL 的量筒；13—温度计；14—试样；15—砾石层

8　提高调节管，使其高于溢水孔，然后将调节管与供水管分开，并将供水管置于金属圆筒内。开止水夹，使水由上部注入金属圆筒内；

9　降低调节管口，使其位于试样上部 1/3 高度处，造成水位差使水渗入试样，经调节管流出。在渗透过程中应调节供水管夹，使供水管流量略多于溢出水量。溢水孔应始终有余水溢出，以保持常水位；

10　测压管水位稳定后，记录测压管水位，计算各测压管间的水位差；

11　开动秒表，同时用量筒接取经一定时间的渗透水量，并重复 1 次。接取渗透水量时，调节管口不得浸入水中；

12　测记进水与出水处的水温，取平均值；

13　降低调节管管口至试样中部及下部 1/3 处，以改变水力坡降，按本标准第 16.2.2 条第 9 款～第 12 款规定重复进行测定；

14　根据需要，可装数个不同孔隙比的试样，进行渗透系数的测定。

16.2.3　常水头渗透试验渗透系数应按下列公式计算：

$$k_T=\frac{2QL}{At(H_1+H_2)} \tag{16.2.3-1}$$

$$k_{20}=k_T\frac{\eta_T}{\eta_{20}} \tag{16.2.3-2}$$

式中：k_T——水温 T℃时试样的渗透系数（cm/s）；

Q——时间 t 秒内的渗透水量（cm^3）；

L——渗径（cm），等于两侧压孔中心间的试样高度；

A——试件的断面积（cm^2）；

t——时间（s）；

H_1、H_2——水位差（cm）；

k_{20}——标准温度（20℃）时试样的渗透系数（cm/s）；

η_T——T℃时水的动力黏滞系数（1×10^{-6}kPa·s）；

η_{20}——20℃时水的动力黏滞系数（1×10^{-6}kPa·s）。

比值 η_T/η_{20} 与温度的关系应按本标准表 8.3.5-1 执行。

16.2.4 当进行不同孔隙比下的渗透试验时，可在半对数坐标上绘制以孔隙比为纵坐标，渗透系数为横坐标的 $e-k$ 关系曲线图。

16.2.5 常水头渗透试验的记录格式应符合本标准附录 D 表 D.24 的规定。

16.3 变水头渗透试验

16.3.1 本试验所用的仪器设备（图 16.3.1）应符合下列规定：

1 渗透容器：由环刀、透水板、套筒及上、下盖组成；

2 水头装置：变水头管的内径，根据试样渗透系数选择不同尺寸，且不宜大于 1cm，长度为 1.0m 以上，分度值为 1.0mm；

3 其他：切土器、秒表、温度计、削土刀、凡士林。

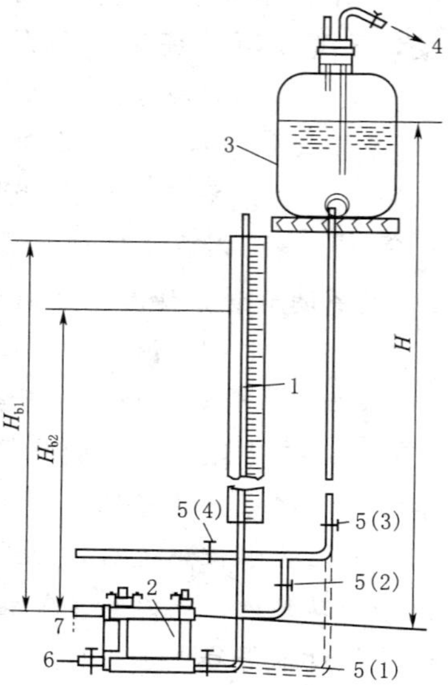

图 16.3.1 变水头渗透装置

1—变水头管；2—渗透容器；3—供水瓶门；4—接水源管；5—进水管夹；6—排气管；7—出水管

16.3.2 变水头渗透试验应按下列步骤进行：

1 用环刀在垂直或平行土样层面切取原状试样或扰动土制备成给定密度的试样，进行充分饱和。切土时，应尽量避免结构扰动，不得用削土刀反复涂抹试样表面；

2 将容器套筒内壁涂一薄层凡士林，将盛有试样的环刀推入套筒，压入止水垫圈。把挤出的多余凡士林小心刮净。装好带有透水板的上、下盖，并用螺丝拧紧，不得漏气漏水；

3 把装好试样的渗透容器与水头装置连通。利用供水瓶中的水充满进水管，水头高度根据试样结构的疏松程度确定，不应大于 2m，待水头稳定后注入渗透容器。开排气阀，将容器侧立，排除渗透容器底部的空气，直至溢出水中无气泡。关排气阀，放平渗透容器；

4 在一定水头作用下静置一段时间，待出水管口有水溢出时，再开始进行试验测定；

5 将水头管充水至需要高度后，关止水夹 5（2），开时测记变水头管中起始水头高度和起始时间，按预定时间间隔测记水头和时间的变化，并测记出水口的水温。如此连续测记 2

次～3 次后，再使水头管水位回升至需要高度，再连续测记数次，重复试验 5 次～6 次以上。

16.3.3　变水头渗透试验渗透系数应按下列公式计算：

$$k_{\mathrm{T}}=2.3\frac{aL}{At}\lg\frac{H_{\mathrm{b1}}}{H_{\mathrm{b2}}} \tag{16.3.3-1}$$

$$k_{20}=k_{\mathrm{T}}\frac{\eta_{\mathrm{T}}}{\eta_{20}} \tag{16.3.3-2}$$

式中：a——变水头管截面积（cm^2）；

L——渗径（cm），等于试样高度；

H_{b1}——开始时水头（cm）；

H_{b2}——终止时水头（cm）。

16.3.4　变水头渗透试验的记录格式应符合本标准附录 D 表 D.25 的规定。

表 D.24　　**常水头渗透试验记录表**

任务单号		试样高度(cm)		干土质量(g)		试验者	
试样编号		试样面积 A(cm^2)		土料比重 G_s		计算者	
仪器名称及编号		试样说明		孔隙比 e		校核者	
测压孔间距(cm)						试验日期	

试验次数	经过时间 t (s)	测压管水位(cm)			水位差(cm)			水力坡降 J	渗透水量 Q (cm^3)	渗透系数 k_{T} (cm/s)	平均水温 T (℃)	校正系数 $\frac{\eta_{\mathrm{T}}}{\eta_{20}}$	水温 20℃ 渗透系数 k_{20} (cm/s)	平均渗透系数 $\overline{k}_{20}$ (cm/s)	备注
		Ⅰ管	Ⅱ管	Ⅲ管	H_1	H_2	平均 H								
	(1)	(2)	(3)	(4)	(5)	(6)	(7)	(8)	(9)	(10)	(11)	(12)	(13)	(14)	
	—	—	—	—	(2)－(3)	(3)－(4)	$\frac{(5)+(6)}{2}$	$\frac{(7)}{L}$	—	$\frac{(9)}{A\times(8)\times(1)}$	—	—	(10)×(12)	$\frac{\sum(13)}{n}$	

表 D.25 变水头渗透试验记录表

任务单号		试样说明		试样面积(cm^2)		试验者	
试样编号		测压管断面积 a(cm^2)		孔隙比 e		计算者	
仪器名称及编号		试样高度(cm)		试验日期		校核者	

开始时间 t_1 (d h min)	终了时间 t_2 (d h min)	经过时间 t (s)	开始水头 H_{b1} (cm)	终止水头 H_{b2} (cm)	$2.3\frac{a}{A}\frac{L}{t}$	$\lg\frac{H_{b1}}{H_{b2}}$	水温 T℃时的渗透系数 k_T (cm/s)	水温 T (℃)	校正系数 $\frac{\eta_T}{\eta_{20}}$	渗透系数 k_{20} (cm/s)	平均渗透系数 $\overline{k}_{20}$ (cm/s)
(1)	(2)	(3)	(4)	(5)	(6)	(7)	(8)	(9)	(10)	(11)	(12)
—	—	(2)−(1)	—	—	$2.3\frac{a}{A}\frac{L}{(3)}$	$\lg\frac{(4)}{(5)}$	(6)×(7)	—	—	(8)×(10)	$\frac{\sum(11)}{n}$

课前学生任务单

<table>
<tr><td>项目名称</td><td colspan="3">项目二　土工试验</td></tr>
<tr><td>任务名称</td><td colspan="3">任务八　渗透试验</td></tr>
<tr><td colspan="4">任　务　分　组</td></tr>
<tr><td>班　　级</td><td></td><td>组　　号</td><td></td></tr>
<tr><td>姓　　名</td><td></td><td>学　　号</td><td></td></tr>
<tr><td>组长姓名</td><td></td><td>指导老师</td><td></td></tr>
<tr><td>任务分工</td><td>试　　验</td><td>计　　算</td><td>校　　核</td></tr>
<tr><td>负责人 1</td><td></td><td></td><td></td></tr>
<tr><td>负责人 2</td><td></td><td></td><td></td></tr>
<tr><td colspan="4">任　务　目　标</td></tr>
<tr><td colspan="4">1. 巩固渗透系数的概念。
2. 会根据工程情况选择渗透系数的检测方法。</td></tr>
<tr><td colspan="4">学　习　步　骤</td></tr>
<tr><td colspan="4">1. 渗透系数的概念是什么？
2. 渗透系数的计算公式是什么？
3. 根据渗透系数的计算公式思考渗透系数试验检测的核心问题是解决什么问题？</td></tr>
</table>

变水头渗透试验记录表

开始时间 t_1 /s	终了时间 t_2 /s	经过时间 t /s	开始水头 h_1 /cm	终了水头 h_2 /cm	$2.3\dfrac{a\times L}{A\times(3)}$	$\lg\dfrac{h_1}{h_2}$	T℃时的渗透系数 /(cm/s)	水温 /℃	校正系数	水温 20℃时的渗透系数 /(cm/s)	平均渗透系数 /(cm/s)
(1)	(2)	(3)	(4)	(5)	(6)	(7)	(8)	(9)	(10)	(11)	(12)
		(2)－(1)					(6)－(7)		$\dfrac{\eta_T}{\eta_{20}}$	(8)×(10)	

试验：　　　　　　　　　　　　计算：　　　　　　　　　　　　校核：

常水头渗透试验记录表

经过时间/s	测压管水位/cm			水位差/cm			水力坡降 i	渗水量/cm^3	渗透系数/(cm/s)	水温/℃	校正系数	水温20℃时的渗透系数/(cm/s)	平均渗透系数/(cm/s)
	Ⅰ管	Ⅱ管	Ⅲ管	H_1	H_2	平均							
(1)	(2)	(3)	(4)	(5)	(6)	(7)	(8)	(9)	(10)	(11)	(12)	(13)	
				(2)－(3)	(3)－(4)	$\frac{(5)+(6)}{2}$	$\frac{(7)}{L}$		$\frac{(9)}{A\times(8)\times(1)}$				

试验：　　　　　　　　　　　　　　　　计算：　　　　　　　　　　　　　　　　校核：

任务九　直接剪切试验

一、工作任务

某建筑场区，自然地面标高为31.47～32.56m，根据钻探揭露及静力触探测试成果，按其成因类型自上而下共分为6层：填土、粉质黏土、淤泥质粉质黏土、粉质黏土夹粉土、粉砂、细砂与卵石。其中粉质黏土，褐黄-黄褐色，可塑状，含少量铁锰质结核；岩心切面较光滑，局部夹薄层粉土或粉砂；强度中等，韧性中等，承载力较高，压缩性较低。该层土全场分布，厚0.6～5.9m，平均厚度为3.1m。

该层土的内摩擦角和黏聚力如何确定，建筑物建成后地基土是否会发生破坏？

微课：直剪试验工程意义

动画：直剪试验方法原理

二、工作目标

测定土的抗剪强度指标，即黏聚力和内摩擦角。

三、任务分组

表2-9-1　　**任务分组表**

班　级		组　号	
姓　名		学　号	
组长姓名		指导老师	
任务分工	试　验	计　算	校　核
负责人1			
负责人2			

四、引导问题

1. 直接剪切试验按排水条件分为________、________、________三种。

2. 由直剪试验得到的抗剪强度线在纵坐标上的截距称________，与水平线的夹角称________。

3. 直接剪切试验中，通常采用________控制式直剪仪，主要由剪力盒、垂直和水平加载系统和量测系统等部分组成。

4. 直接剪切试验中，将装有试样的环刀刃口____________小心推入剪切盒内，移去环刀。

5. 在快剪试验中，应以____________的速率剪切试样，使试样在____________分钟内剪损。

6. 在快剪试验中，当量力环量表不再前进，或者____________，表示试样已发生剪切破坏。

7. 量力环率定系数的单位是____________。

8. 快剪试验和固结快剪试验的土样宜为渗透系数小于____________的细粒土。

9. 快剪试验主要用于分析地基排水条件__________，加载速度____________的建筑物地基。

10. 砂土做直接剪切试验得到正应力为100kPa时剪应力为62.7kPa，该土的内摩擦角为________。

五、工作计划

（一）课前

（1）学生根据课前任务单完成课前任务，结合案例，了解土的抗剪强度在计算承载力、评价地基的稳定性以及计算挡土墙土压力中的应用。

（2）收集相关文献，了解测定抗剪强度指标的室内试验和原位测试方法有哪些？

（3）在活页宝典中记录发现的问题。

（二）课中

（1）阅读《标准》中直接剪切试验部分，根据工作任务选择试验方法，并进行小组任务分工。

（2）根据试验方法进行仪器调试、试样制备等试验准备。

（3）按照试验步骤，进行试验并做好记录。

（4）绘制抗剪强度直线，并进行数据处理。

（5）在活页宝典中记录试验数据和试验过程中发现的问题。

（6）填写学生自评表进行自我评价，并向老师反馈试验过程中发现的问题。

（三）课后

（1）用思维导图归纳总结直接剪切试验。

（2）整理试验中容易出错的地方，提出改进或创新的方法。

六、进度决策

动手试验前要熟读《标准》中直接剪切试验部分，理解规范内容，结合工程情况充分讨论选择试验方法，然后规范操作完成试验，根据自评表逐项检查进行自评，及时反馈试验中发现的问题，最后总结归纳直接剪切试验，并用思维导图记录在活页宝典中。详细步骤及参考时间如下（以快剪试验为例）：

（1）试验阶段。快剪：切取试样（20min）→试样装入剪切盒（3min）→量表调零（2min）→施加压力（3min）→剪切试样（10min）→卸荷（2min）→换试样重复试验（4组试样共100min）→数据处理（20min）→绘图（20min）→结果分析（10min）。

（2）评价与反馈。自评（10min）→反馈（10min）。

（3）归纳和总结。活页宝典归纳总结（10min＋课下）。

七、工作实施

依据《标准》中直接剪切试验的要求，结合工作任务和实训教学的要求，采用直接剪切试验中的快剪试验。

1. 工作准备

（1）仪器设备。

1）应变控制式直接剪切仪：如图2－9－1、图2－9－2所示，由剪切盒、垂直加压设备、剪切传动装置、测力环、位移量测系统等组成。

2）其他：环刀、修土刀、秒表、塑料布等。

（2）技术资料：①《标准》中直接剪切试验部分；②直接剪切试验记录表。

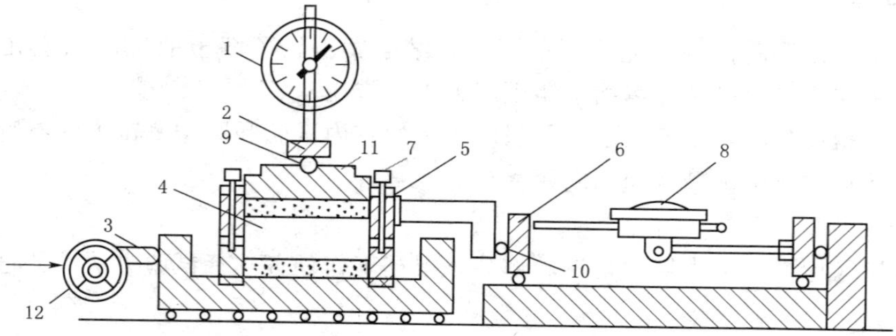

图2－9－1　应变控制式直接剪切仪示意图

1—垂直变形量百分表；2—垂直加压框架；3—推动座；4—试样；5—剪切盒；6—量力环；7—销钉；8—量力环百分表；9—传力钢珠；10—前端钢珠；11—试样顶盖；12—手轮

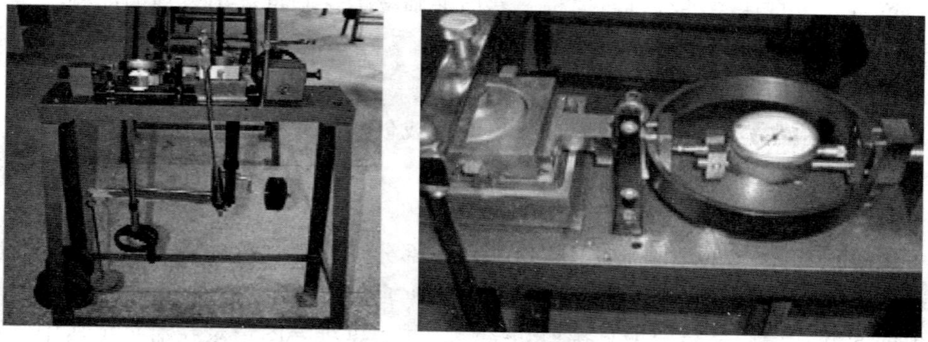

图2－9－2　应变控制式直接剪切仪

2. 开展试验

【步骤1】 试样制备：取现场原装土样（或结合击实试验），用环刀取4个试样备用，并测定试样的含水率和密度。

【步骤2】 试样装入剪切盒：对准上下盒，插入固定销钉，在下盒内放入透水板，并在透水板与试样之间放一块塑料布，然后将装有试样的环刀刃口向上小心推入剪切盒内，移去环刀。

动画：直剪试验规范操作

【步骤3】 量表调零：转动手轮，使上盒前端钢珠刚好与测力计接触，顺次在试样上放一块塑料布、透水板，加上传压板、压力框架，将测力计的量表读数调整为零。

【步骤4】 施加压力：四个试样分别施加100kPa、200kPa、300kPa、400kPa的垂直压力，各垂直压力可一次轻轻施加，若土质松软，也可分次施加。

【步骤5】 剪切试样：施加垂直压力后，立即拔去固定销钉，以0.8mm/min（每分钟4～6转）的速率剪切试样。当量力环中量表不再前进，或者有显著后退，表示试样已发生剪切破坏，一般宜剪至剪切变形达到4mm，若量表指针继续前进，则剪切变形应达到6mm为止。手轮每转一转，应同时测记转数和量力环读数。

【步骤6】 卸荷：剪切结束后，吸去剪切盒中积水，倒转手轮，尽快移去垂直压力框架、传压板，并取出试样。

3. 试验成果整理

（1）计算各级垂直压力下所测得的抗剪强度：

$$\tau_f = CR$$

式中　C——量力环率定系数，kPa；

R——量力环读数，mm，精确至0.01mm。

（2）以土的抗剪强度为纵坐标、垂直压力为横坐标，绘制抗剪强度与垂直压力的关系曲线（即库仑抗剪强度直线），如图2-9-3所示，直线与横轴的夹角即为土的内摩擦角 φ，直线在纵轴上的截距即为土的黏聚力 c。

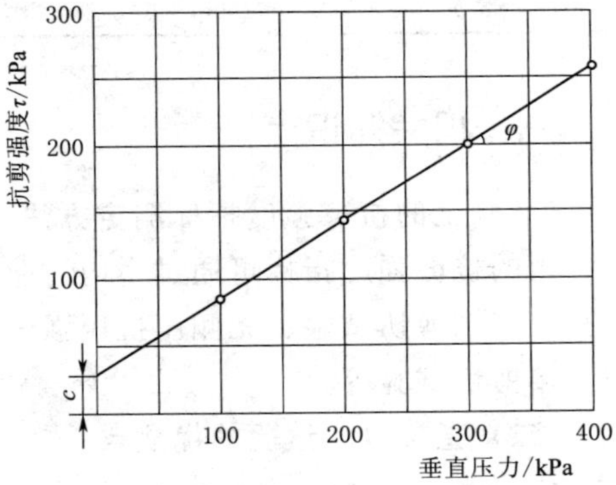

图2-9-3　抗剪强度与垂直压力关系曲线

（3）试验数据记录，见表2-9-2。

表2-9-2　　直接剪切试验记录表

量力环率定系数/(kPa/0.01mm)________				
垂直压力/kPa				
量力环读数(精确到0.01mm)				
抗剪强度/kPa				
土的内摩擦角 φ=________　黏聚力 c=________				

八、评价反馈

微课：直剪试验数据处理

1. 开始剪切时，如果不拔除销钉会有何后果？

2. 你认为试验哪些操作环节容易导致试验误差？

3. 你是否掌握了直接剪切试验检测技能呢？请根据表 2－9－3 进行自我评价。

表 2－9－3　　学 生 自 评 表

班　级		姓　名		学号	
学习任务	直 接 剪 切 试 验				
打分类别	考　核　要　点		分值	得分	备注
常规计分项目	会根据工程需要选择合适的抗剪强度指标检测方法		15		
	试验准备充分，仪器选用正确，使用规范		20		
	试验操作准确到位，仪器摆放条理规范		25		
	记录表记录规范、干净整洁		15		
	数据处理正确，抗剪强度指标检测结论准确		15		
	团队配合默契，能展示团队力量		10		
附加分	仪器工具操作等有创新点		10		
	数据处理有简化方法、不同方法、创新方法		10		
	试验精益求精，具有工匠精神		10		
扣分	一旦发现试验中篡改伪造数据本项目 0 分计		－100		
	不能将自己负责任务顺利完成		－30		
总　计					

九、相关知识点

（一）土的抗剪强度指标测定方法

土的抗剪强度指标可通过室内试验和现场试验确定。室内试验常用的方法有直接剪切试验、三轴剪切试验、无侧压抗压强度试验，现场原位试验常用的有十字板剪切试验和大型直接剪切试验等。

（二）直接剪切试验的优缺点

1. 优点

直接剪切试验设备简单，试样的制备和安装方便，且操作容易掌握，至今仍为工程单位广泛应用。

2. 缺点

（1）剪切面限定在上下盒之间的平面，而不是沿土样最薄弱的面剪切破坏。

（2）剪切面上剪应力分布不均匀，应力条件复杂。

（3）在剪切过程中，土样实际剪切面逐渐缩小，而在计算抗剪强度时仍按土样的原截面积计算。

（4）试验时不能严格控制排水条件，不能量测孔隙水压力。

（三）直接剪切试验分类

由于地基土的排水快慢不一，施工周期长短不同，需要相对应的强度参数。故直接剪切试验根据排水条件的不同，可分为慢剪试验、固结快剪试验、快剪试验。

慢剪试验：固结排水稳定，再以慢速剪切。一般适用于细粒土。参数用于地基或土堤在施工期已充分排水固结，后期的剪切破坏过程也得到充分排水条件下的稳定性计算。

固结快剪试验：固结排水稳定，再以快速剪切。适用于渗透系数小于 10^{-6}cm/s 的细粒土。参数用于地基或土堤在施工期已完成排水固结，后因急剧施加外荷载条件下的稳定计算。

快剪试验：不固结不排水，快速剪切。适用于渗透系数小于 10^{-6}cm/s 的细粒土。参数用于建筑物在很短时期内完成，或预计施工期内地基土不固结不排水条件下的稳定计算。

在实际工程问题中，应尽可能根据现场条件选用试验方法，以获得合适的抗剪强度指标，试验方法的选择，详见表 2-9-4。

表 2-9-4　　地基土试验方法的选择

试验方法	适用条件
快剪试验或不固结不排水试验	1. 地基为饱和状态的厚黏土层。 2. 地基土的透水性小、排水条件不良、施工速度较快
慢剪试验或固结排水试验	1. 地基土为薄性黏土层、粉土层或砂土层。 2. 地基土的透水性大、排水条件较佳、施工速度慢
固结快剪试验或固结不排水试验	1. 地基条件介于上述两种情况之间。 2. 地基已经充分固结。 3. 建筑物竣工后较久，荷载又突然增大。 4. 一般地基的稳定验算

（四）其他

1. 固结快剪试验操作

(1) 试样安装和定位与快剪试验**【步骤 1】**～**【步骤 3】**相同，试样上下两面的不透水板改放湿滤纸和透水板。

(2) 当试样为饱和样时，在施加垂直压力 5min 后，往剪切盒水槽内注满水；当试样为非饱和土时，仅在活塞周围包以湿棉花，防止水分蒸发。

(3) 在试样上施加规定的垂直压力后，测记垂直变形读数。当每小时垂直变形读数变化不大于 0.005mm 时，认为已达到固结稳定。试样也可在其他仪器上固结，然后移至剪切盒内，继续固结至稳定后，再进行剪切。

(4) 试样达到固结稳定后，按快剪试验**【步骤 4】**～**【步骤 6】**执行，剪切后取试样测定剪切面附近试样的含水率。

2. 慢剪试验操作

(1) 慢剪试验操作与固结快剪试验操作**【步骤 1】**～**【步骤 3】**一致。待试样固结稳定后进行剪切。

(2) 剪切速率应小于 0.02mm/min。

(3) 其他操作同固结快剪试验操作。

课前学生任务单

项目名称	项目二　土工试验
任务名称	任务九　直接剪切试验

任　务　分　组

班　　级		组　　号	
姓　　名		学　　号	
组长姓名		指导老师	
任务分工	试　　验	计　　算	校　　核
负责人 1			
负责人 2			

任　务　目　标

1. 了解土的抗剪强度指标在工程中的应用。
2. 收集文献，了解测定抗剪强度指标的室内试验和原位测试方法。
3. 预习直接剪切试验相关内容。
4. 记录课前预习中发现的问题。

学　习　步　骤

1. 知识回顾：本试验需用到土的抗剪强度等相关理论知识，同学们自主补习这些知识。
2. 课前准备：做好试验任务分组；准备笔、纸、资料、材料等试验辅助工具；开展试验需要准备的其他工作。
3. 预习记录：通过预习，记录本次试验的重点内容、难点内容以及在预习过程中发现的问题。

参　考　资　料

参考教材	高等职业教育融合课程思政新形态一体化教材《土工技术》 高水平专业群建设成果活页式系列教材《土工技术综合实训》
专业教学标准	《土工技术》课程标准 《土工技术综合实训》课程标准
规范/标准	《土工试验方法标准》(GB/T 50123—2019) 《建筑地基基础设计规范》(GB 50007—2011)

直接剪切试验记录表

工程名称		取样部位	
委托单位		试样描述	
任务单号		试验日期	
仪器设备		试验依据	

量力环率定系数（kPa/0.01mm）________________

垂直压力/kPa				
量力环读数（精确到0.01mm）				
抗剪强度/kPa				

土的内摩擦角 φ=__________　　黏聚力 c=__________

试验：　　　　计算：　　　　校核：

活　页　宝　典

课程名称		任课教师	
班级姓名		学　　号	
项目名称		任务名称	
活页笔记			
思维导图			
创新点			
活页测评			

任务十　固　结　试　验

一、工作任务

某建筑场区，自然地面标高为31.47～32.56m，根据钻探揭露及静力触探测试成果，按其成因类型自上而下共分为6层：填土、粉质黏土、淤泥质粉质黏土、粉质黏土夹粉土、粉砂、细砂与卵石。其中粉质黏土，褐黄-黄褐色，可塑状，含少量铁锰质结核；岩心切面较光滑，局部夹薄层粉土或粉砂；强度中等，韧性中等，承载力较高，压缩性较低。该层土全场分布，厚0.6～5.9m，平均厚度为3.1m。

该层土的压缩系数、压缩指数、压缩模量如何确定，该层土的压缩性如何判断，修建好建筑物后，预估该层土的沉降量。

微课：固结试验工程意义

微课：固结试验方法原理

二、工作目标

测定和计算土的压缩性指标：压缩系数、压缩指数、压缩模量。

三、任务分组

表2-10-1　　**任务分组表**

班　级		组　号	
姓　名		学　号	
组长姓名		指导老师	
任务分工	试　验	计　算	校　核
负责人1			
负责人2			

四、引导问题

1. 土体压缩主要是__________体积减小。
2. 在固结试验试样安装中，应将带有环刀的试样刃口__________小心装入护环。
3. 固结试验测微表应具有不小于__________的量程。
4. 施加1kPa的预压力的目的是______________________________。
5. 快速固结试验，加压后测记各级压力下固结时间为__________的测微表读。
6. 固结试验中，试样的高度通常为__________。
7. 利用侧限压缩试验确定的压缩系数 a 和压缩模量 E_s 是成__________的。
8. 室内侧限压缩试验测得的 $e-P$ 曲线愈陡，表明该土样的压缩性__________。
9. 某地基土的压缩模量 $E_s=17\text{MPa}$，此土为__________。
10. 工程中为便于统一比较，习惯上采用压力为__________范围的压缩系数来评定土的压缩性高低。

五、工作计划

（一）课前

（1）学生根据课前任务单完成课前任务，结合案例，了解土的压缩性指标在评价土的压缩性、计算地基的沉降量等方面的应用。

（2）收集相关文献，了解测定土的压缩性指标的试验方法有哪些？

（3）在活页宝典中记录发现的问题。

（二）课中

（1）阅读《标准》中固结试验部分，根据工作任务选择合适的试验方法，并进行小组任务分工。

（2）根据试验方法进行仪器调试、试样制备等试验准备。

（3）按照试验步骤，进行试验并做好记录。

（4）绘制孔隙比与压力的关系曲线，求出压缩系数、压缩指数、压缩模量。

（5）在活页宝典中记录试验数据和试验过程中发现的问题。

（6）填写学生自评表进行自我评价，并向老师反馈试验过程中发现的问题。

（三）课后

（1）用思维导图归纳总结固结试验。

（2）整理试验中容易出错的地方，提出改进或创新的方法。

六、进度决策

动手试验前要熟读《标准》中固结试验部分，理解规范内容，结合工程情况充分讨论选择试验方法，然后规范操作完成试验，根据自评表逐项检查进行自评，及时反馈试验中发现的问题，最后总结归纳固结试验，并用思维导图记录在活页宝典中。详细步骤及参考时间如下（以快速固结试验为例）：

（1）试验阶段。快速固结试验：试样制备（教学中结合击实试验制备）→试样安装（5min）→安装测微表（2min）→预压（3min）→施加第一级荷载（60min）→施加第二级荷载（60min）→施加第三级荷载（60min）→施加第四级荷载（24h）→卸荷（5min）→数据处理（30min）→绘图（20min）→结果分析（10min）。

（2）评价与反馈。自评（10min）→反馈（10min）。

（3）归纳和总结。活页宝典归纳总结（10min＋课下）。

七、工作实施

依据《标准》中固结试验的要求，结合工作任务和实训教学的要求，采用固结试验中的快速固结试验。

1. 工作准备

（1）仪器设备。

1）固结容器：由环刀、护环、透水板、水槽及加压上盖组成，如图 2－10－1、图 2－10－2 所示。

a. 环刀：内径为 61.8mm 和 79.8mm，高度为 20mm，环刀应具有一定的刚度，内壁应保持较高的清洁度。

b. 透水板：其渗透系数应大于试样的渗透系数。

2）加压设备：采用杠杆式加荷设备，能垂直地瞬间施加各级压力，且没有冲击力。

3）测微表：量程 10mm，最小分度值 0.01mm。

4）其他：修土刀、钢丝锯、滤纸、天平、秒表等。

（2）技术资料：①《标准》中固结试验部分；②固结试验记录表。

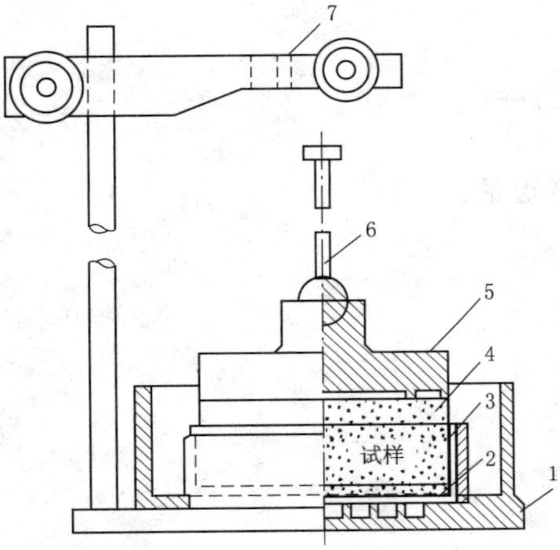

图 2－10－1　固结仪示意图

1—水槽；2—护环；3—环刀；4—透水板；5—加压上盖；6—位移计导杆；7—量表架

图 2－10－2　单杠杆三联固结仪

动画：固结试验规范操作

2. 开展试验

【步骤 1】 试样制备：取现场原装土样（或结合击实试验），用环刀取 1 个试样备用，并测定试样的含水率和密度。

【步骤 2】 试样安装：在固结容器内依次放上护环、透水板、滤纸，将带有环刀的试样刃口向下小心装入护环，然后在试样上放滤纸、透水板和加压上盖，将固结容器置于加压框架下，对准加压框架的正中。

【步骤 3】 安装测微表：调节测微表使其距离不小于 8mm 的量程，稍稍提起测微表导杆，保证其能上下运行自如。

【步骤 4】 预压：施加 1kPa 的压力，判断各部件的连接是否良好，调整测微表，使长指针读数为零。

【步骤 5】 施加荷载：快速固结试验法一般的加压等级为 50kPa、100kPa、200kPa、300kPa、400kPa，加压后测记各级压力下固结时间为 1h 的测微表读数，仅在最后一级压力下，除测记 1h 的测微表读数外，还应测读固结稳定时的测微表读数，稳定标准为测微表读数每小时变化不大于 0.05mm。

【步骤 6】 卸荷取试样：试验结束后，卸除仪器各部件，取出环刀和试样。

3. 试验成果整理

（1）计算试样的初始孔隙比 e_0：

$$e_0=\frac{\rho_w G_s(1+w_0)}{\rho_0}-1 \tag{2-10-1}$$

式中　G_s——土粒比重；

ρ_w——水的密度，g/cm³；

ρ_0——试样的初始密度，g/cm³；

w_0——试样的初始含水率，%。

（2）计算各级压力下固结稳定的孔隙比 e_i：

$$e_i=e_0-(1+e_0)\frac{\sum\Delta s_i}{h_0} \tag{2-10-2}$$

对快速固结法试验结果，需要计算试样校正的变形量：

$$\sum\Delta s_i=\Delta s_i K \tag{2-10-3}$$

$$K=\frac{(s_n)_T}{(s_n)_t} \tag{2-10-4}$$

式中　h_0——试样的初始高度，m；

$\sum\Delta s_i$——某一级压力下校正后试样变形量，mm；

Δs_i——某一级压力下 1h 的试样变形量减去仪器变形量，mm；

K——校正系数；

$(s_n)_T$——最后一级压力达到稳定标准的总变形量减去该压力下的仪器变形量，mm；

$(s_n)_t$——最后一级压力下固结 1h 的总变形量减去该压力下的仪器变形量，mm。

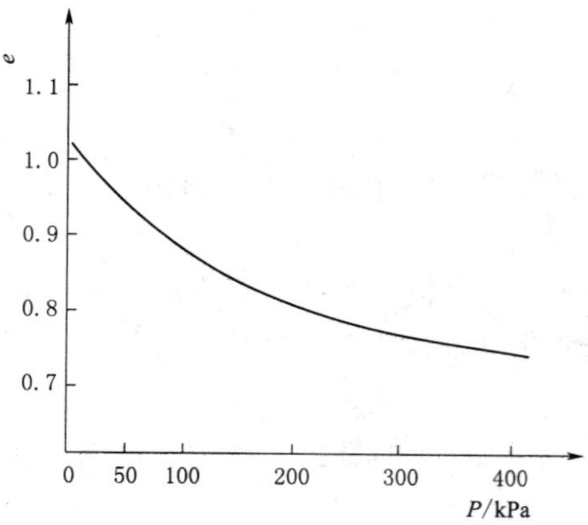

图 2-10-3　孔隙比与压力的关系曲线

（3）以孔隙比 e 为纵坐标，压力 P 为横坐标，绘制孔隙比与压力的关系曲线，如图 2-10-3 所示。

（4）计算该试样的压缩系数 a_{1-2} 和压缩模量 E_{s1-2}：

$$a_{1-2}=\frac{e_1-e_2}{P_2-P_1} \tag{2-10-5}$$

$$E_{s1-2}=\frac{1+e_1}{a_{1-2}} \tag{2-10-6}$$

式中　P_1、P_2——100kPa、200kPa 的压力值；

e_1、e_2——对应 100kPa、200kPa 的孔隙比。

（5）试验数据记录，见表 2-10-2。

微课：固结试验数据处理

八、评价反馈

1. 在试验过程中，哪些操作容易导致试验误差？
2. 本试验的主要步骤有哪些？
3. 你是否掌握了固结试验检测技能呢？请根据表 2-10-3 进行自我评价。

表 2-10-2 快速测定法固结试验记录计算表

含水率 w_0=______ 密度 ρ_0=______	初始孔隙比 e_0=______ K=______			试样高 h_0=______ a_{1-2}=______		比重 G_s=______ E_s=______
压力历时/h	压力 p/kPa	测微表读数/mm	仪器变形量/mm	校对前试样变形量/mm	校对后试样变形量/mm	孔隙比 e
	(1)	(2)	(3)	(4)=(2)-(3)	(5)=K(4)	$e_i=e_0-(1+e_0)\frac{\sum\Delta s_i}{h_0}$

表 2-10-3 学生自评表

班级		姓名		学号	
学习任务	固结试验				
打分类别	考核要点	分值	得分	备注	
常规计分项目	土的压缩性指标意义、应用及测定方法	15			
	试验准备充分，仪器选用正确，使用规范	20			
	试验操作准确到位，仪器摆放条理规范	25			
	记录表记录规范、干净整洁	15			
	数据处理正确，抗剪强度指标检测结论准确	15			
	团队配合默契，能展示团队力量	10			
附加分	试验仪器工具操作等有创新点	10			
	数据处理有简化方法、不同方法、创新方法	10			
	试验精益求精，具有工匠精神	10			
扣分	一旦发现试验中篡改伪造数据本项目0分计	-100			
	不能将自己负责任务顺利完成	-30			
总计					

九、相关知识点

(一) 土的压缩性

建筑物下的地基土在附加应力作用下，会产生附加变形，这种变形通常表现为土体积的缩小，我们把这种在外力作用下土体积缩小的特性称为土的压缩性。土作为地质作用的产物，同其他材料一样，在附加应力的作用下，地基土要产生附加的变形。同时，地基土是多相体系，其变形又与其他土木工程材料的变形有着本质的差别，土的压缩通常由三部分组成：①固体颗粒被压缩；②土中水及封闭气体被压缩；③水和气体从孔隙中排出，孔隙被压缩。试验研究表明，在一般压力（100～600kPa）作用下，固体颗粒和水的压缩量与土体的压缩总量之比是微不足道的，可以忽略不计。所以土的压缩是指土中水和气体从孔隙中排出，土中孔隙体积缩小，与此同时，土颗粒相应调整位置，重新排列，土体变得更紧密。

（二）土的固结

对于饱和土来说，土体的压缩变形主要是孔隙水的排出。而孔隙水排出的快慢受到土体渗透特性的影响，从而决定了土体压缩变形的快慢。在荷载作用下，透水性大的饱和无黏性土，孔隙水排出很快，其压缩过程短，而透水性小的饱和黏性土，因为土中水沿着孔隙排出的速度很慢，其压缩过程所需时间较长，几年、十几年、甚至几十年，压缩变形才稳定。由附加应力产生的超静孔隙水压力逐渐消散，所对应的孔隙水逐渐排出、土体压缩随时间增长的过程称为土的固结。

（三）土的压缩性评价

1. 压缩系数

为了统一标准，《标准》规定采用 $p_1=100\text{kPa}$，$p_2=200\text{kPa}$ 所得到的压缩系数 a_{1-2} 作为评定土压缩性高低的标准：

当 $a_{1-2}<0.1\text{MPa}^{-1}$ 时，为低压缩性土；

当 $0.1\text{MPa}^{-1}\leqslant a_{1-2}<0.5\text{MPa}^{-1}$ 时，为中压缩性土；

当 $a_{1-2}\geqslant 0.5\text{MPa}^{-1}$ 时，为高压缩性土。

2. 压缩指数

固结试验结果分析中也可以采用 $e-\lg p$ 曲线，如图 2-10-4。用这种形式表示的优点是在应力到达一定值时，曲线接近直线，该直线的斜率称为压缩指数，即

$$C_c=\frac{\Delta e}{\Delta \lg p}=\frac{e_1-e_2}{\lg p_2-\lg p_1}=\frac{e_1-e_2}{\lg \frac{p_2}{p}} \tag{2-10-7}$$

类似于压缩系数，压缩指数 C_c 值可以用来判别土的压缩性的大小，C_c 值越大，表示在一定压力变化的 Δp 范围内，孔隙比的变化量 Δe 越大，说明土的压缩性越高。按《水工设计手册》规定，$C_c<0.2$ 为低压缩性土，$C_c=0.2\sim0.4$ 为中压缩性土，$C_c>0.4$ 为高压缩性土。虽然压缩系数和压缩指数都是反映土的压缩性的指标，但两者有所不同。前者随所取的初始压力及压力增量的大小而异，而后者在较高的压力范围内是常数。

3. 压缩模量

在实际应用中，同样可以用相应于 $p_1=100\text{kPa}$，$p_2=200\text{kPa}$ 范围内的压缩模量 E_{s1-2} 来评价地基土的压缩性：

$E_{s1-2}<4\text{MPa}$	高压缩性土
$4\text{MPa}\leqslant E_{s1-2}\leqslant 15\text{MPa}$	中压缩性土
$E_{s1-2}>15\text{MPa}$	低压缩性土

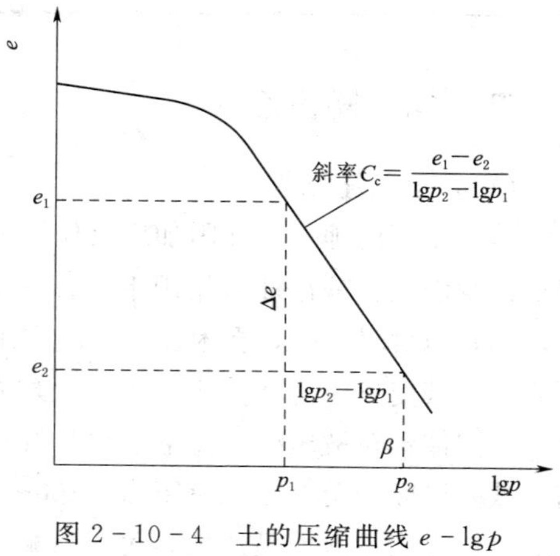

图 2-10-4　土的压缩曲线 $e-\lg p$

（四）标准固结试验

快速固结试验规定试样在各级压力下的固结时间为 1h，在最后一级压力下除测记 1h 的量表读数外，还应测记达压缩稳定时的量表读数，然后对前面各级压力下固结时间为 1h 测记的变形

量按前述修正。而标准固结试验采用各级压力下固结 24h 作为稳定标准。测出压缩变形量后计算各级压力下的孔隙比和各压力段的压缩系数及压缩模量时，两种试验方法是一致的，两者相对误差较小（一般小于 3%）。

标准固结试验操作：标准固结试验施加每级荷载 24h 或试样变形每小时变化不大于 0.01mm，测定稳定读数后，方可施加下一级荷载。其他操作同快速固结试验操作。

标准固结试验数据处理：各级压力下的试样无需校正。

课前学生任务单

项目名称	项目二　土工试验		
任务名称	任务十　固结试验		
任　务　分　组			
班　　级		组　　号	
姓　　名		学　　号	
组长姓名		指导老师	
任务分工	试　　验	计　　算	校　　核
负责人 1			
负责人 2			
任　务　目　标			
1. 了解土的压缩性指标在工程中的应用。 2. 收集文献，了解测定土的压缩性指标的方法。 3. 预习土的固结试验相关内容。 4. 记录课前预习中发现的问题。			
学　习　步　骤			
1. 知识回顾：本试验需用到土的压缩性等相关理论知识，同学们自主补习这些知识。 2. 课前准备：做好试验任务分组；准备笔、纸、资料、材料等试验辅助工具；开展试验需要准备的其他工作。 3. 预习记录：通过预习，记录本次试验的重点内容、难点内容以及在预习过程中发现的问题。			
参　考　资　料			
参考教材	高等职业教育融合课程思政新形态一体化教材《土工技术》 高水平专业群建设成果活页式系列教材《土工技术综合实训》		
专业教学标准	《土工技术》课程标准 《土工技术综合实训》课程标准		
规范/标准	《土工试验方法标准》(GB/T 50123—2019) 《建筑地基基础设计规范》(GB 50007—2011)		

固结试验记录表

工程名称		取样部位	
委托单位		试样描述	
任务单号		试验日期	
仪器设备		试验依据	

含水率 ω_0=________　初始孔隙比 e_0=________　试样高 h_0=________　比重 G_s=________

密度 ρ_0=________　K=________　a_{1-2}=________　E_s=________

压力历时/h	压力 p/kPa	测微表读数/mm	仪器变形量/mm	校对前试样变形量/mm	校对后试样变形量/mm	孔隙比 e
	(1)	(2)	(3)	(4)=(2)−(3)	(5)=K(4)	$e_i=e_0-(1+e_0)\dfrac{\sum \Delta s_i}{h_0}$

试验：　　　　　　　　　　　　计算：　　　　　　　　　　　　校核：

活　页　宝　典

课程名称		任课教师	
班级姓名		学　　号	
项目名称		任务名称	
活页笔记			
思维导图			
创新点			
活页测评			

任务十一　三 轴 压 缩 试 验

一、工作任务

小浪底大坝为黏土斜心墙土石坝，横断面图如图 2-1-1 所示，图中①区为黏土斜心墙，心墙的抗剪强度对坝体的安全影响很大。为考虑心墙施工期的稳定，需检测心墙施工后的抗剪强度指标。请根据《标准》中三轴压缩试验节选，采用三轴压缩试验检测心墙施工后的抗剪强度指标。

二、工作目标

用三轴压缩试验测定心墙的抗剪强度指标。

三、任务分组

表 2-11-1　　任 务 分 组 表

班　级		组　号	
姓　名		学　号	
组长姓名		指导老师	
任务分工	试　验	计　算	校　核
负责人 1			
负责人 2			

四、引导问题

1. 什么是抗剪强度指标？
2. 如何检测土体的抗剪强度指标？
3. 三轴压缩试验土样粒径应小于__________mm。
4. 三轴压缩试验方法分为________________________3 种试验类型。
5. 三轴压缩试验中，通常采用________控制式三轴仪，主要由______________组成。
6. 不固结不排水剪试验，剪切应变速率宜为_____________min，在剪切过程中应__________排水阀。
7. 不固结不排水剪试验，适用于什么情况？
8. 固结不排水剪试验，剪切应变速率宜为______________min，在剪切过程中应_______排水管阀。
9. 固结不排水剪试验，适用于什么情况？

10. 固结排水剪试验，剪切速率宜为__________________min，在剪切过程中应________排水管阀。

11. 固结排水剪试验，适用于什么情况？

12. 量力环率定系数的单位是__________。

五、工作计划

（一）课前

（1）按照《标准》中三轴压缩试验部分第19.3.1条进行土样制备和饱和。

（2）在活页宝典中记录发现的问题。

（二）课中

（1）阅读《标准》中三轴压缩试验部分，根据工作任务进行小组任务分工。

（2）根据试验方法进行工作准备。

（3）进行试验并做好试验记录。

（4）进行数据处理。

（5）在活页宝典中记录发现的问题。

（6）填写学生自评表进行自我评价，并向老师反馈试验中发现的问题。

（三）课后

（1）用思维导图归纳总结三轴压缩试验。

（2）记录试验中的创新想法。

动画：三轴试验土样制备

六、进度决策

动手试验前熟读《标准》中三轴压缩试验部分，理解标准内容，结合工程情况充分讨论选对试验方法，然后规范操作完成试验，根据自评表逐项检查进行自评，及时反馈试验中发现的问题，最后总结归纳三轴压缩试验，并用思维导图记录在活页宝典中。详细步骤及各步骤参考时间如下：

试验：根据《标准》中第19.3条进行试样制备和试样饱和（课前）→安装试样（6min）→施加周围压力（5min）→施加竖向压力剪切试样、测记读数（60min）→测量破坏试样（10min）→换试样重复试验（共120min）→试验成果处理（15min＋课下）。

七、工作实施

根据试样的固结程度和排水条件不同，三轴压缩试验可分为不固结不排水剪（UU）、固结不排水剪（CU）和固结排水剪（CD）3种试验类型。不固结不排水剪试验（UU）中，试样在施加周围压力和随后施加偏应力直至剪切破坏的整个试验过程中都不允许排水，这样从开始加压直至试样剪切破坏，土中的含水率始终保持不变，孔隙水压力也不可能消散，可以测得总应力抗剪强度指标。固结不排水剪试验（CU）中，试样在施加周围压力时，允许试样充分排水，待固结稳定后，再在不排水的条件下施加轴向压力，直至试样剪切破坏，同时在受剪过程中测定土体的孔隙水压力，可以测得总应力抗剪强度指标和有效应力抗剪强度指标。固结排水剪试验（CD）中，试样先在周围压力下排水固结，然后允许试样在充分排水的条件下增加轴向压力直至破坏，同时在试验过程中测读排水量以计算试样体积变化，可以测得有效应力抗剪强度指标。小浪底大坝心墙土料为黏性土料排水条件不好，填筑施工速度快加荷也快，土体渗透系数较低（如小于 $A\times10^{-4}$ cm/s），为考虑施工期的稳定，可采用不固结不排水剪。

1. 工作准备

（1）仪器设备。

1）应变控制式三轴仪包括负荷传感器、位移传感器，如图 2-11-1 所示。

2）三轴仪附属设备包括击实器、饱和器、切土盘、切土器和切土架、原状土分样器、承膜筒、天平、橡皮膜、透水板等，如图 2-11-2 所示。

图 2-11-1 三轴仪

图 2-11-2 附属设备击实器、饱和器、对开模、切土器、承膜筒等

（2）技术资料：①《标准》中三轴压缩试验部分；②三轴压缩试验记录表。

2. 开展试验

实操视频：三轴试验规范操作

【步骤 1】 安装试样：对压力室底座充水，在底座上放置不透水板，并依次放置试样、不透水板及试样帽。将橡皮膜套在承膜筒内，两端翻出筒外，从吸气孔吸气，使膜贴紧承膜筒内壁，套在试样外，放气，翻起橡皮膜的两端，取出承膜筒。用橡皮圈将橡皮膜分别扎紧在压力室底座和试样帽上。装上压力室罩。安装时应先将活塞提升，以防碰撞试样，压力室罩安放后，将活塞对准试样帽中心，并均匀地旋紧螺丝。

【步骤 2】 施加周围压力：周围压力大小应与工程的实际小主应力 σ_3 相适应，并尽可能使最大周围压力与土体的最大实际小主应力 σ_3 大致相等，也可按 100kPa、200kPa、300kPa、400kPa 施加。

【步骤 3】 施加竖向压力剪切试样：上升升降台，当轴向测力计有微读数时表示活塞已与试样帽接触。然后将轴向负荷传感器或测力计、轴向位移传感器或位移计的读数调整到零位。开动试验机，进行剪切。

【步骤 4】 测记读数：开始阶段，试样每产生轴向应变 0.3%～0.4%时，测记轴向力和轴向位移读数各 1 次。当轴向应变达 3%以后，读数间隔可延长为每产生轴向应变 0.7%～0.8%时各测记 1 次。当接近峰值时应加密读数。当试样为特别硬脆或软弱土时，可加密或减少测读的次数。当出现峰值后，再继续剪 3%～5%轴向应变；轴向力读数无明显减少时，则剪切至轴向应变达 15%～20%。

【步骤 5】 测量破坏试样：试验结束后，关闭电动机，下降升降台，开排气孔，排去压力室内的水，拆除压力室罩，揩干试样周围的余水，脱去试样外的橡皮膜，描述破坏后形状，称试样质量，测定试验后含水率。对于直径为 39.1mm 的试样，宜取整个试样烘干；直径为 61.8mm 和 101mm 的试样，可切取剪切面附近有代表性的部分土样烘干。

3. 试验成果整理

(1) 按《标准》中第 19.8.1 条第 2 款计算主应力差（$\sigma_1-\sigma_3$）。

(2) 按《标准》中第 19.8.1 条第 3 款计算有效主应力比 σ_1/σ_3。

(3) 按《标准》中第 19.8.2 条第 3 款第 1 项绘制强度包线。

(4) 本任务采用具有数据自动采集功能的三轴仪，仪器自动生成试验原始记录表及试验结论。

八、评价反馈

1. 三轴压缩试验的基本原理是什么？
2. 三轴压缩试验有哪些优缺点？
3. 你是否掌握了三轴压缩试验呢？请根据表 2-11-2 进行自我评价。

表 2-11-2　学生自评表

班　级		姓　名		学号		
学习任务	三轴压缩试验					
打分类别	考核要点			分值	得分	备注
常规计分项目	会制备土样			15		
	会饱和土样			15		
	试验操作准确到位，仪器摆放条理规范			25		
	记录表记录规范、干净整洁			15		
	数据处理正确，含水率检测结论准确			15		
	团队配合默契，能展示团队力量			15		
附加分	试验仪器工具等有创新点			20		
	数据处理有创新			10		
	试验精益求精，具有工匠精神			20		
扣分	一旦发现试验中篡改伪造数据本项目 0 分计			−100		
	不能将组内负责任务完成			−30		
总　计						

九、相关知识点

三轴压缩试验是根据摩尔-库仑破坏准则测定土的强度参数：黏聚力 c 和内摩擦角 φ。常规的三轴压缩试验是取一圆柱体试样，先在其四周施加一周围压力（即小主应力）σ_3，随后逐渐增加大主应力 σ_1 直至破坏为止。根据破坏时的大主应力 σ_1 和小主应力 σ_3 绘摩尔圆，摩尔圆的包线就是抗剪强度与法向应力的关系曲线。通常以近似的直线表示，其倾角为内摩擦角 φ，在纵轴上的截距为黏聚力 c（图 2－11－3）。

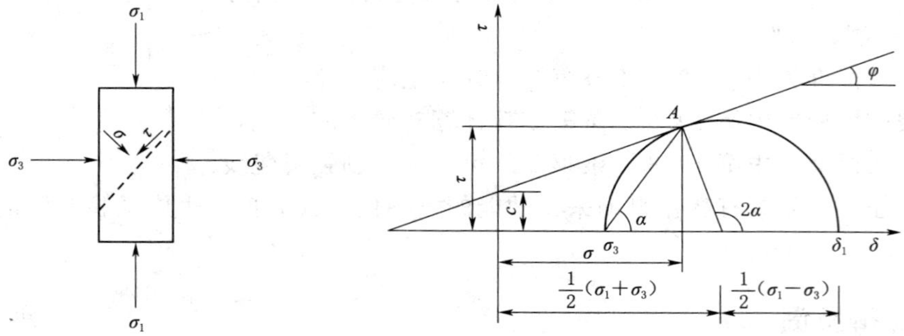

图 2－11－3　三轴压缩试验抗剪强度与法向应力关系曲线

三轴压缩试验能控制试验过程中的排水条件，可根据工程施工和运用的实际情况选择不同排水条件的试验。无论黏质土或砂质土均可适用。通常分为不固结不排水剪试验（UU 试验）、固结不排水剪试验（CU 试验）和固结排水剪试验（CD 试验）。

不固结不排水剪试验（UU 试验）：这种方法适用的条件是土体受力而孔隙压力不消散的情况。当建筑物施工速度快，土体渗透系数较低（如小于 $A\times10^{-4}$ cm/s），而排水条件又差时，为考虑施工期的稳定，可采用 UU 试验。

对于非饱和土，如压实填土，或未饱和的天然地层，这种土的强度随 σ_3 的增加而增加。但当随 σ_3 增加到一定值，空气逐渐溶解于水而达到饱和时，强度不再增加。强度包线并非直线。因此，用总应力方法分析时，应按规定的压力范围内选取 c_u、φ_u。如非饱和地层预计施工期可能有雨水入渗或地下水位上升会使土体饱和，则试样应在剪切前予以饱和。

固结不排水剪试验（CU 试验）主要目的有两个：一是借测量孔隙压力求得土的有效强度参数 c'、φ'，以便进行土体稳定的有效应力分析；二是求得总应力强度指标 c_{cu}、φ_{cu}。

固结排水剪试验（CD 试验）：主要是为了求得土的排水强度指标 c_d、φ_d。采用应变控制式三轴仪的固结排水剪比较费时，故仅应用于较透水的土料。在测试土的应力应变关系时，为了模拟实际工程的排水条件，也需用应变控制三轴压缩仪的固结排水剪试验成果来确定变形模量、泊松比和剪切模量等变形指标。

《土工试验方法标准》(GB/T 50123—2019) 节选如下。

19　三轴压缩试验

19.1　一般规定

19.1.1　土样粒径应小于 20mm。

19.1.2　根据排水条件的不同，本试验可分为不固结不排水剪（UU)、固结不排水剪（CU 或$\overline{\text{CU}}$）和固结排水剪（CD）3 种试验类型。

19.1.3　对于无法取得多个试样、灵敏度较低的原状土，可采用一个试样多级加荷试验。

19.2　仪器设备

19.2.1　本试验所用的仪器设备应符合下列规定：

1　应变控制式三轴仪（图 19.2.1－1)：由反压力控制系统、周围压力控制系统、压力室、孔隙水压力量测系统组成。其技术条件应符合现行国家标准《岩土工程仪器基本参数及通用技术条件》GB/T 15406 及《土工试验仪器　三轴仪　第 1 部分：应变控制式三轴仪》GB/T 24107.1 的规定；

2　附属设备应符合下列规定：

1）击实器（图 19.2.1－2)；

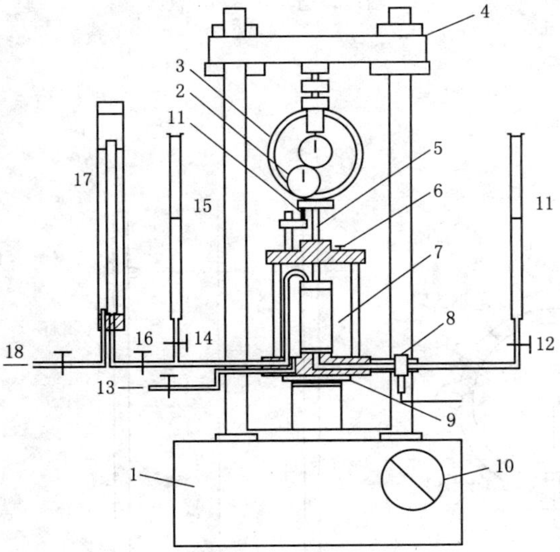

图 19.2.1－1　三轴仪示意图

1—试验机；2—轴向位移计；3—轴向测力计，4—试验机横梁；5—活塞；6—排气孔；7—压力室；8—孔隙压力传感器；9—升降台；10—手轮；11—排水管；12—排水管阀；13—周围压力；14—排水管阀；15—量水管；16—体变管阀；17—体变管；18—反压力

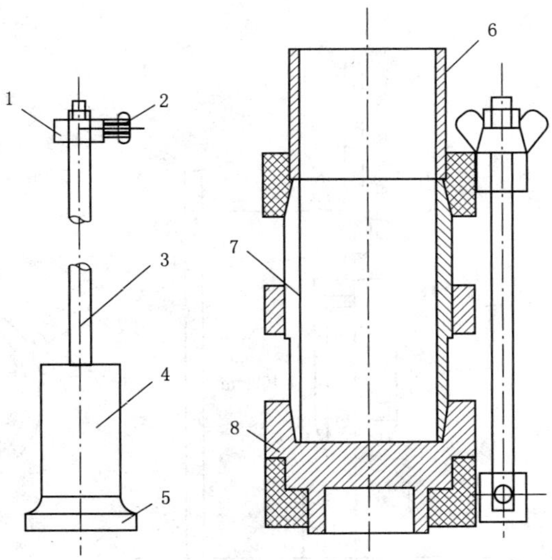

图 19.2.1－2　击实器

1—套环；2—定位螺丝；3—导杆；4—击锤；5—底板；6—套筒；7—饱和器；8—底板

2）饱和器（图 19.2.1－3)；

3）切土盘（图 19.2.1－4)；

4）切土器和切土架（图 19.2.1－5）；

5）原状土分样器（图 19.2.1－6）；

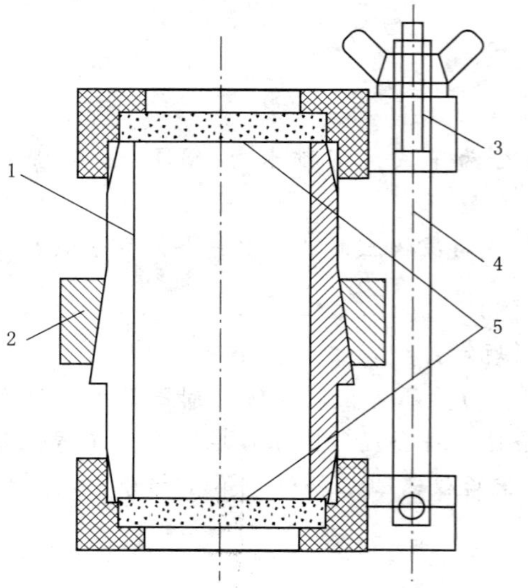

图 19.2.1－3　饱和器

1—土样筒；2—紧箍；3—夹板；4—拉杆；5—透水板

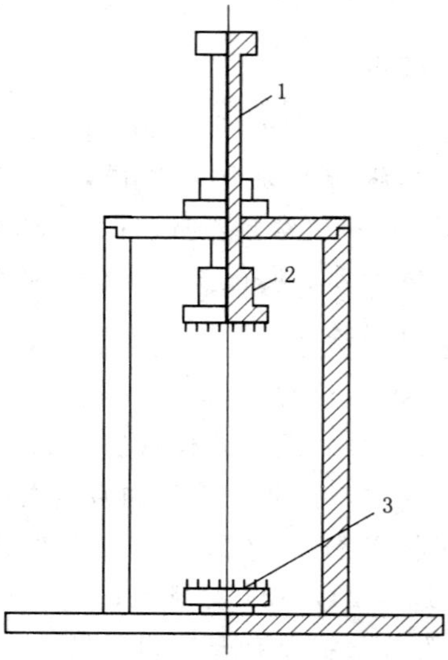

图 19.2.1－4　切土盘

1—轴；2—上盘；3—下盘

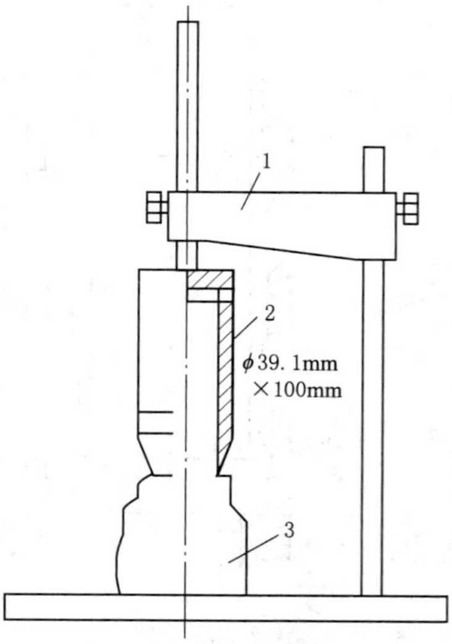

图 19.2.1－5　切土器和切土架

1—切土架；2—切土器；3—土样

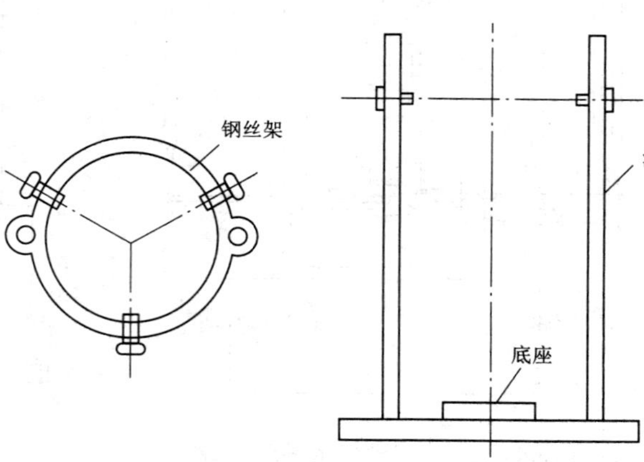

图 19.2.1－6　原状土分样器

6）承膜筒（图 19.2.1－7）；

7）制备砂样圆模（图 19.2.1－8），用于冲填土或砂性土。

3　天平：称量 200g，分度值 0.01g；称量 1000g，分度值 0.1g；称量 5000g，分度值 1g；

4　负荷传感器：轴向力的最大允许误差为±1%；

5　位移传感器（或量表）：量程30mm，分度值0.01mm；

6　橡皮膜：对直径为39.1mm和61.8mm的试样，橡皮膜厚度宜为0.1mm～0.2mm；对直径为101mm的试样，橡皮膜厚度宜为0.2mm～0.3mm；

7　透水板：直径与试样直径相等，其渗透系数宜大于试样的渗透系数，使用前在水中煮沸并泡于水中。

19.2.2　试验时的仪器应符合下列规定：

1　根据试样的强度大小，选择不同量程的测力计；

2　孔隙压力量测系统的气泡应排除。其方法是：孔隙压力量测系统中充以无气水并施加压力，小心地打开孔隙压力阀，让管路中的气泡从压力室底座排出。应反复几次直到气泡完全冲出为止。孔隙压力量测系统的体积因数应小于$1.5\times10^{-5}cm^3/kPa$；

3　排水管路应通畅。活塞在轴套内应能自由滑动，各连接处应无漏水漏气现象。仪器检查完毕，关周围压力阀、孔隙压力阀和排水阀以备使用；

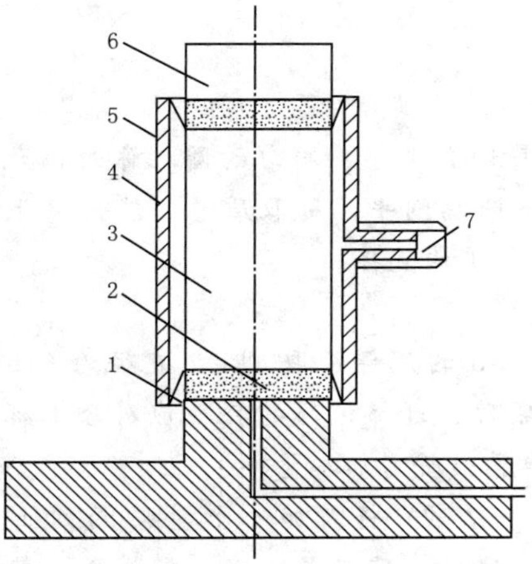

图19.2.1-7　承膜筒安装示意图

1—压力室底座；2—透水板；3—试样；4—承膜筒；5—橡皮膜；6—上帽；7—吸气孔

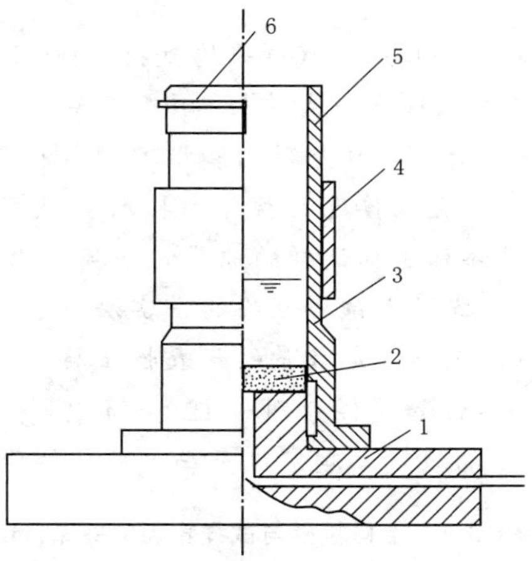

图19.2.1-8　制备砂样圆模

1—压力室底座；2—透水板；3—制样圆模（两片合成）；4—紧箍；5—橡皮膜；6—橡皮圈

4　橡皮膜在使用前应仔细检查。其方法是扎紧两端，在膜内充气，然后沉入水下检查，应无气泡溢出。

19.3　试样的制备和饱和

19.3.1　试样制备应按下列步骤进行：

1　试样高度h与直径D之比（h/D）应为2.0～2.5，直径D分别为39.1mm、61.8mm及101.0mm。对于有裂隙、软弱面或构造面的试样，直径D宜采用101.0mm；

2　原状土试样制备应按下列规定进行：

1）对于较软的土样，先用钢丝锯或削土刀切取一稍大于规定尺寸的土柱，放在切土盘（图19.2.1-4）的上、下圆盘之间。再用钢丝锯或削土刀紧靠侧板，由上往下细心切削，边切削边转动圆盘，直至土样的直径被削成规定的直径为止。然后按试样高度的要求，削平上下两端。对于直径为10cm的软黏土土样，可先用原状土分样器（图19.2.1-6）分成3个土柱，再按上述的方法切削成直径为39.1mm的试样；

2）对于较硬的土样，先用削土刀或钢丝锯切取一稍大于规定尺寸的土柱，上、下两端削平，按试样要求的层次方向放在切土架上，用切土器（图19.2.1-5）切削。先在切土器刀口内壁涂上一薄层油，将切土器的刀口对准土样顶面，边削土边压切土器，直至切削到比要求的试样高度高约2cm为止，然后拆开切土器，将试样取出，按要求的高度将两端削平。试样的两端面应平整，互相平行，侧面垂直，上下均匀。在切样过程中，当试样表面因遇砾石而成孔洞时，允许用切削下的余土填补；

3）将切削好的试样称量，直径为101.0mm的试样应准确至1g；直径为61.8mm和39.1mm的试样应准确至0.1g。取切下的余土，平行测定含水率，取其平均值作为试样的含水率。试样高度和直径用卡尺量测，试样的平均直径应按下式计算：

$$D_0=\frac{D_1+2D_2+D_3}{4} \tag{19.3.1}$$

式中：　D_0——试样平均直径（mm）；

D_1、D_2、D_3——试样上、中、下部位的直径（mm）。

4）对于特别坚硬的和很不均匀的土样，当不易切成平整、均匀的圆柱体时，允许切成与规定直径接近的柱体，按所需试样高度将上下两端削平，称取质量，然后包上橡皮膜，用浮称法称试样的质量，并换算出试样的体积和平均直径。

3　扰动土试样制备的击实法应按下列步骤进行：

1）选取一定数量的代表性土样。直径为39.1mm的试样约取2kg，直径为61.8mm和101.0mm试样分别取10kg和20kg。经风干、碾碎、过筛，筛的孔径应符合本标准表19.3.1的规定，测定风干含水率，按要求的含水率算出所需加水量；

表19.3.1　土样粒径与试样直径的关系(mm)

试样直径 D	最大允许粒径 d_{max}
39.1	$\frac{1}{10}D$
61.8	$\frac{1}{10}D$
101.0	$\frac{1}{5}D$

2）将需加的水量喷洒到土料上拌匀，稍静置后装入塑料袋，然后置于密闭容器内至少20h，使含水率均匀。取出土料复测其含水率。含水率的最大允许差值应为±1%。当不符合要求时，应调整含水率至符合要求为止；

3）击样筒的内径应与试样直径相同。击锤的直径宜小于试样直径，也可采用与试样直径相等的击锤。击样筒壁在使用前应洗擦干净，涂一薄层凡士林；

4）根据要求的干密度，称取所需土质量。按试样高度分层击实，粉土分3层～5层，黏土分5层～8层击实。各层土料质量相等。每层击实至要求高度后，将表面刨毛，再加第2层土料。如此继续进行，直至击实最后一层。将击样筒中的试样两端整平，取出称其质量。

4 砂土试样制备应按下列步骤进行：

1）根据试验要求的试样干密度和试样体积称取所需风干砂样质量，分三等份，在水中煮沸，冷却后待用；

2）开孔隙压力阀及量管阀，使压力室底座充水。将煮沸过的透水板滑入压力室底座上，并用橡皮带把透水板包扎在底座上，以防砂土漏入底座中。关孔隙压力阀及量管阀，将橡皮膜的一端套在压力室底座上并扎紧，将对开模套在底座上，将橡皮膜的上端翻出，然后抽气，使橡皮膜贴紧对开模内壁（图 19.2.1－8）；

3）在橡皮膜内注脱气水约达试样高的 1/3。用长柄小勺将煮沸冷却的一份砂样装入膜中，填至该层要求高度。对含有细粒土和要求高密度的试样，可采用干砂制备，用水头饱和或反压力饱和；

4）第 1 层砂样填完后，继续注水至试样高度的 2/3，再装第 2 层砂样。如此继续装样，直至模内装满为止。如果要求干密度较大，则可在填砂过程中轻轻敲打对开模，使所称出的砂样填满规定的体积。然后放上透水板、试样帽，翻起橡皮膜，并扎紧在试样帽上；

5）开量管阀降低量管，使管内水面低于试样中心高程以下约 0.2m，当试样直径为 101mm 时，应低于试样中心高程以下约 0.5m。在试样内产生一定负压，使试样能站立。拆除对开模，测量试样高度与直径应符合本标准第 19.3.1 条第 2 款第 3 项的规定，复核试样干密度。各试样之间的干密度最大允许差值应为±0.03g/cm^3。

19.3.2 试样饱和宜选用下列方法：

1 抽气饱和法：应将装有试样的饱和器置于无水的抽气缸内，进行抽气，当真空度接近当地 1 个大气压后，应继续抽气，继续抽气时间宜符合表 19.3.2 的规定。

当抽气时间达到表 19.3.2 的规定后，徐徐注入清水，并保持真空度稳定。待饱和器完全被水淹没即停止抽气，并释放抽气缸的真空。试样在水下静置时间应大于 10h，然后取出试样并称其质量。

表 19.3.2 不同土性的抽气时间(h)

土 类	抽气时间
粉土	＞0.5
黏土	＞1
密实的黏土	＞2

2 水头饱和法：适用于粉土或粉土质砂。应按本标准第 19.3.1 条第 4 款第 1 项～第 5 项规定的步骤安装试样，试样顶用透水帽，然后施加 20kPa 的周围压力，并同时提高试样底部量管的水面和降低连接试样顶部固结排水管的水面，使两管水面差在 1m 左右。打开量管阀、孔隙压力阀和排水阀，让水自下而上通过试样，直至同一时间间隔内量管流出的水量与固结排水管内的水量相等为止。当需要提高试样的饱和度时，宜在水头饱和前，从底部将二氧化碳气体通入试样，置换孔隙中的空气。二氧化碳的压力宜为 5kPa～10kPa，再进行水头饱和。

3 反压力饱和法：试样要求完全饱和时，可对试样施加反压力。

1）试样装好后装上压力室罩，关孔隙压力阀和反压力阀，测记体变管读数。先对试样施加 20kPa 的周围压力预压，并开孔隙压力阀待孔隙压力稳定后记下读数，然后关孔隙压力阀；

2）反压力应分级施加，并同时分级施加周围压力，以减少对试样的扰动，在施加反压力过程中，始终保持周围压力比反压力大20kPa，反压力和周围压力的每级增量对软黏土取30kPa；对坚实的土或初始饱和度较低的土，取50kPa～70kPa；

3）操作时，先调周围压力至50kPa，并将反压力系统调至30kPa，同时打开周围压力阀和反压力阀，再缓缓打开孔隙压力阀，待孔隙压力稳定后，测记孔隙压力计和体变管读数，再施加下一级的周围压力和反压力；

4）计算每级周围压力下的孔隙压力增量Δu，并与周围压力增量$\Delta\sigma_3$比较，当孔隙水压力增量与周围压力增量之比$\Delta u/\Delta\sigma_3>0.98$时，认为试样饱和；否则应按本标准第19.3.2条第3款的规定重复，直至试样饱和为止。

19.4　不固结不排水剪试验

19.4.1　试样的安装应按下列步骤进行：

1　对压力室底座充水，在底座上放置不透水板，并依次放置试样、不透水板及试样帽。对于砂性土的试样安装，应按本标准第19.3.1条第4款的规定进行。

2　将橡皮膜套在承膜筒内，两端翻出筒外（图19.2.1－7），从吸气孔吸气，使膜贴紧承膜筒内壁，套在试样外，放气，翻起橡皮膜的两端，取出承膜筒。用橡皮圈将橡皮膜分别扎紧在压力室底座和试样帽上。

3　装上压力室罩。安装时应先将活塞提升，以防碰撞试样，压力室罩安放后，将活塞对准试样帽中心，并均匀地旋紧螺丝。

4　开排气孔，向压力室充水，当压力室内快注满水时，降低进水速度，水从排气孔溢出时，关闭排气孔。

5　关体变传感器或体变管阀及孔隙压力阀，开周围压力阀，施加所需的周围压力。周围压力大小应与工程的实际小主应力σ_3相适应，并尽可能使最大周围压力与土体的最大实际小主应力σ_3大致相等。也可按100kPa、200kPa、300kPa、400kPa施加。

6　上升升降台，当轴向测力计有微读数时表示活塞已与试样帽接触。然后将轴向负荷传感器或测力计、轴向位移传感器或位移计的读数调整到零位。

19.4.2　剪切试样应按下列步骤进行：

1　剪切应变速率宜为0.5%/min～1.0%/min。

2　开动试验机，进行剪切。开始阶段，试样每产生轴向应变0.3%～0.4%时，测记轴向力和轴向位移读数各1次。当轴向应变达3%以后，读数间隔可延长为每产生轴向应变0.7%～0.8%时各测记1次。当接近峰值时应加密读数。当试样为特别硬脆或软弱土时，可加密或减少测读的次数。

3　当出现峰值后，再继续剪3%～5%轴向应变；轴向力读数无明显减少时，则剪切至轴向应变达15%～20%。

4　试验结束后，关闭电动机，下降升降台，开排气孔，排去压力室内的水，拆除压力室罩，揩干试样周围的余水，脱去试样外的橡皮膜，描述破坏后形状，称试样质量，测定试验后含水率。对于直径为39.1mm的试样，宜取整个试样烘干；直径为61.8mm和101mm的试样，可切取剪切面附近有代表性的部分土样烘干。

19.5　固结不排水剪试验

19.5.1　试样的安装应按下列步骤进行：

1　开孔隙压力阀及量管阀，使压力室底座充水排气，并关阀。然后放上试样，试样上端放一湿滤纸及透水板。在其周围贴上 7 条～9 条浸湿的滤纸条，滤纸条宽度为试样直径的 1/5～1/6。滤纸条两端与透水石连接，当要施加反压力饱和试样时，所贴的滤纸条必须中间断开约试样高度的 1/4，或自底部向上贴至试样高度 3/4 处。

2　应按本标准第 19.4.1 条第 2 款的规定将橡皮膜套在试样外。橡皮膜下端扎紧在压力室底座上。

3　用软刷子或双手自下向上轻轻按抚试样，以排除试样与橡皮膜之间的气泡。对于饱和软黏土，可开孔隙压力阀及量管阀，使水徐徐流入试样与橡皮膜之间，以排除夹气，然后关闭。

4　开排水管阀，使水从试样帽徐徐流出以排除管路中气泡，并将试样帽置于试样顶端。排除顶端气泡，将橡皮膜扎紧在试样帽上。

5　降低排水管，使其水面至试样中心高程以下 20cm～40cm，吸出试样与橡皮膜之间多余水分，然后关排水管阀。

6　应按本标准第 19.4.1 条第 3 款、第 4 款的规定，装上压力室罩并注满水。然后放低排水管使其水面与试样中心高度齐平，测记其水面读数，并关排水管阀。

19.5.2　试样排水固结应按下列步骤进行：

1　使量管水面位于试样中心高度处，开量管阀，测读传感器，记下孔隙压力起始读数，然后关量管阀。

2　施加周围压力应符合本标准第 19.4.1 条第 5 款的规定，并调整负荷传感器或测力计、轴向位移传感器或位移计的读数。

3　打开孔隙压力阀，测记稳定后的孔隙压力读数，减去孔隙压力计起始读数，即为周围压力与试样的初始孔隙压力。

4　开排水管阀，按 0min、0.25min、1min、4min、9min…时间测记排水读数及孔隙压力计读数。固结度至少应达到 95%，固结过程中可随时绘制排水量 ΔV 与时间平方根或时间对数曲线及孔隙压力消散度与时间对数曲线。若试样的主固结时间已经掌握，也可不读排水管和孔隙压力的过程读数。

5　当要求对试样施加反压力时，则应符合本标准第 19.3.2 条第 3 款的规定。关体变管阀，增大周围压力，使周围压力与反压力之差等于原来选定的周围压力，记录稳定的孔隙压力读数和体变管水面读数作为固结前的起始读数。

6　开体变管阀，让试样通过体变管排水，并应按本标准第 19.5.2 条第 2 款～第 4 款的规定进行排水固结。

7　固结完成后，关排水管阀或体变管阀，记下体变管或排水管和孔隙压力的读数。开动试验机，到轴向力读数开始微动时，表示活塞已与试样接触，记下轴向位移读数，即为固结下沉量 Δh_0 依此算出固结后试样高度 h_c 然后将轴向力和轴向位移读数都调至零。

8　其余几个试样按同样方法安装试样，并在不同周围压力下排水固结。

19.5.3　剪切试样应按下列步骤进行：

1　剪切应变速率宜为0.05%/min～0.10%/min，粉土剪切应变速率宜为0.1%/min～0.5%/min。

2　开始剪切试样。测力计、轴向变形、孔隙水压力的测记应符合本标准第19.5.2条第3款、第4款规定。

3　试验结束后，关闭电动机，下降升降台，开排气孔，排去压力室内的水，拆除压力室罩，揩干试样周围的余水，脱去试样外的橡皮膜，描述破坏后形状，称试样质量，测定试验后含水率。

19.6　固结排水剪试验

19.6.1　试样的安装、固结应按本标准第19.5.1条、第19.5.2条的规定进行。

19.6.2　试样的剪切应按本标准第19.5.3条的规定进行，但在剪切过程中应打开排水阀。剪切速率宜为0.003%/min～0.012%/min。

19.7　一个试样多级加荷试验

19.7.1　不固结不排水剪试验应按下列步骤进行：

1　试样的安装应符合本标准第19.4.1条的规定。

2　施加第一级周围压力，试样剪切应符合本标准第19.4.2条第1款的规定。当测力计读数达到稳定或出现倒退时，测记轴向位移和测力计读数，关闭电机停止剪切，将轴向压力退至零。

3　施加第二级周围压力。此时测力计因施加周围压力而增加，应重新调至原来读数值，然后升高升降台。当测力计读数微动时，表示试样帽与测力系统重新接触，再按原剪切速率剪切，直至测力计读数稳定或接近稳定为止。按此进行其余各级周围压力的试验。最后一级周围压力下的剪切累积应变不应超过20%。

4　试验结束后，关周围压力阀，拆除压力室罩，取下试样称量，并测定剪切后的含水率。

19.7.2　固结不排水剪试验应按下列步骤进行：

1　试样的安装应符合本标准第19.5.1条的规定。

2　试样的固结应符合本标准第19.5.2条的规定。

3　试样的剪切应符合本标准第19.5.3条的规定。施加第一级周围压力，试样剪切应变速率应符合本标准第19.5.3条第1款的规定。第一级剪切完成后，退除轴向压力，待孔隙水压力稳定后施加第二级周围压力，进行排水固结。

4　固结完成后进行第二级周围压力下的剪切，并按本标准第19.7.2条第1款～第3款的步骤进行第三级周围压力下的剪切，累计剪切累积应变不应超过20%。

5　试验结束后，关周围压力阀，尽快拆除压力室罩，取下试样称量，并测定剪切后的含水率。

19.8　计算、制图和记录

19.8.1　计算应符合下列规定：

1　试样的高度、面积、体积及剪切时的面积应按表19.8.1中的公式计算。

表 19.8.1　　**高度、面积、体积计算表**

<table>
<tr><th rowspan="2">项目</th><th rowspan="2">起始</th><th colspan="2">固　结　后</th><th rowspan="2">剪切时校正值</th></tr>
<tr><th>按实测固结下沉</th><th>等应变简化式样</th></tr>
<tr><td>试样高度（cm）</td><td>h_0</td><td>$h_c=h_0-\Delta h_c$</td><td>$h_c=h_0\times\left(1-\dfrac{\Delta V}{V_0}\right)^{1/3}$</td><td>—</td></tr>
<tr><td rowspan="3">试样面积（cm^2）</td><td rowspan="3">A_0</td><td rowspan="3">$A_c=\dfrac{V_0-\Delta V}{h_c}$</td><td rowspan="3">$A_c=A_0\times\left(1-\dfrac{\Delta V}{V_0}\right)^{2/3}$</td><td>$A_a=\dfrac{A_0}{1-0.01\varepsilon_1}$（不固结不排水剪）</td></tr>
<tr><td>$A_a=\dfrac{A_c}{1-0.01\varepsilon_1}$（固结不排水剪）</td></tr>
<tr><td>$A_a=\dfrac{V_c-\Delta V_i}{h_c-\Delta h_i}$（固结排水剪）</td></tr>
<tr><td>试样体积（cm^3）</td><td>V_0</td><td colspan="2">$V_c=h_cA_c$</td><td>—</td></tr>
</table>

注　表中，Δh_c 为固结下沉量，由轴向位移计测得（cm）；ΔV 为固结排水量（实测或试验前后试样质量差换算）（cm^3）；ΔV_i为排水剪中剪切时的试样体积变化（cm^3），按体变管或排水管读数求得；ε_1为轴向应变（%）；Δh_i试样剪切时高度变化（cm），由轴向位移计测得，为方便起见，可预先绘制 $\Delta V-h_c$ 及 $\Delta V-A_c$ 的关系线备用。

2　主应力差（$\sigma_1-\sigma_3$）应按下式计算：

$$(\sigma_1-\sigma_3)=\frac{CR}{A_a}\times 10 \tag{19.8.1-1}$$

式中：σ_1——大主应力（kPa）；

σ_3——小主应力（kPa）；

C——测力计率定系数（N/0.01mm）；

R——测力计读数（0.01mm）；

A_a——试样剪切时的面积（cm^2）。

3　有效主应力比σ_1/σ_3应按下列公式计算：

$$\frac{\sigma_1'}{\sigma_3'}=\frac{(\sigma_1-\sigma_3)}{\sigma_3'}+1 \tag{19.8.1-2}$$

$$\sigma_1'=\sigma_1-u \tag{19.8.1-3}$$

$$\sigma_3'=\sigma_3-u \tag{19.8.1-4}$$

式中：σ_1'、σ_3'——有效大主应力和有效小主应力（kPa）；

σ_1、σ_3——大主应力与小主应力（kPa）；

u——孔隙水压力（kPa）。

4　孔隙压力系数 B 和 A 应按下列公式计算：

$$B=\frac{u_0}{\sigma_3} \tag{19.8.1-5}$$

$$A=\frac{u_d}{B(\sigma_1-\sigma_3)} \qquad (19.8.1-6)$$

式中：u_0——试样在周围压力下产生的初始孔隙压力（kPa）；

u_d——试样在主应力差（$\sigma_1-\sigma_3$）下产生的孔隙压力（kPa）。

19.8.2 制图应符合下列规定：

1 根据需要分别绘制主应力差（$\sigma_1-\sigma_3$）与轴向应变 ε_1 的关系曲线，有效主应力比（σ_1'/σ_3'）与轴向应变 ε_1 的关系曲线，孔隙压力 μ 与轴向应变 ε_1 的关系曲线，用 $\frac{\sigma_1'-\sigma_3'}{2}\left[\frac{(\sigma_1-\sigma_3)}{2}\right]$ 与 $\frac{\sigma_1'+\sigma_3'}{2}\left[\frac{(\sigma_1+\sigma_3)}{2}\right]$ 作坐标的应力路径关系曲线。

2 破坏点的取值可以（$\sigma_1-\sigma_3$）或（σ_1'/σ_3'）的峰点值作为破坏点。如（$\sigma_1-\sigma_3$）和（σ_1'/σ_3'）均无峰值，应以应力路径的密集点或按一定轴向应变（一般可取 $\varepsilon_1=15\%$，经过论证也可根据工程情况选取破坏应变）相应的（$\sigma_1-\sigma_3$）或（σ_1'/σ_3'）作为破坏强度值。

3 应按下列规定绘制强度包线：

1）对于不固结不排水剪切试验及固结不排水剪切试验，以法向应力 σ 为横坐标，剪应力 τ 为纵坐标，在横坐标上以 $\frac{(\sigma_{1f}+\sigma_{3f})}{2}$ 为圆心，$\frac{(\sigma_{1f}-\sigma_{3f})}{2}$ 为半径（f 注脚表示破坏时的值），绘制破坏总应力圆后，作诸圆包线。该包线的倾角为内摩擦角 φ_u 或 φ_{cu}，包线在纵轴上的截距为黏聚力 C_u 或 C_{cu}；

2）在固结不排水剪切中测孔隙压力，则可确定试样破坏时的有效应力。以有效应力 σ' 为横坐标，剪应力为 τ 为纵坐标，在横坐标轴上以 $\frac{(\sigma_{1f}'+\sigma_{3f}')}{2}$ 为圆心，以 $\frac{(\sigma_{1f}-\sigma_{3f})}{2}$ 为半径，绘制不同周围压力下的有效破坏应力圆后，作诸圆包线，包线的倾角为有效内摩擦角 φ'，包线在纵轴上的截距为有效黏聚力 c'；

3）在排水剪切试验中，孔隙压力等于零，抗剪强度包线的倾角和在纵轴上的截距分别以 φ_c 和 c_d 表示；

4）如各应力圆无规律，难以绘制各圆的强度包线，可按应力路径取值，即以 $\frac{\sigma_1'-\sigma_3'}{2}\left[\frac{(\sigma_1-\sigma_3)}{2}\right]$ 为纵坐标，$\frac{\sigma_1'+\sigma_3'}{2}\left[\frac{(\sigma_1+\sigma_3)}{2}\right]$ 为横坐标，绘制应力圆，作通过各圆之圆顶点的平均直线。根据直线的倾角及在纵坐标上的截距，应按下列公式计算 φ' 和 c：

$$\varphi'=\sin^{-1}\tan\alpha \qquad (19.8.2-1)$$

$$c'=\frac{d}{\cos\varphi'} \qquad (19.8.2-2)$$

式中：α——平均直线的倾角（°）；

d——平均直线在纵轴上的截距（kPa）。

19.8.3 本试验的记录格式应符合本标准附录 D 表 D.34～表 D.36 的规定。

表 D.34　　三轴压缩试验记录表(一)

任务单号		试验者	
试样编号		计算者	
试样说明		校核者	
试验方法		试验日期	

试样状态			
项　目	起始值	固结后	剪切后
直径 D (cm)			
高度 h_0 (cm)			
面积 A (cm^2)			
体积 V (cm^3)			
质量 m (g)			
湿密度 ρ (g/cm^3)			
干密度 ρ_d (g/cm^3)			

试样含水率		
起　始　值		剪切后
盒号		
盒质量 (g)		
盒加湿土质量 (g)		
湿土质量 m (g)		
盒加干土质量 (g)		
干土质量 m_d (g)		
水质量 (g)		
含水率 w (%)		
饱和度 S_r		

周围压力 σ_3 (kPa)	
反压力 u_0 (kPa)	
周围压力下的孔隙压力 u (kPa)	
孔隙压力系数 $B=\frac{u_0}{\sigma_3}$	
破坏应变 ε_f (%)	
破坏主应力差 $(\sigma_1-\sigma_3)_f$ (kPa)	
破坏主应力 σ_{1f} (kPa)	
破坏孔隙压力系数 $\overline{B}_f=\frac{U_f}{\sigma_{3f}}$	
相应的有效大主应力 σ_1'(kPa)	
相应的有效小主应力 σ_3'(kPa)	
最大有效主应力比 $\left(\frac{\sigma_1'}{\sigma_3'}\right)_{max}$	
孔隙压应力系数 $A_f=\frac{u_{df}}{B\ (\sigma_1-\sigma_3)_f}$	

试样破坏情况的描述	呈鼓状破坏
备　注	

表 D. 35 三轴压缩试验记录表(二)

任务单号		试验者	
试样编号		计算者	
周围压力		校核者	
仪器名称及编号		试验日期	

加反压力过程								固结过程							
时间	周围压力 σ_3 (kPa)	反压力 u_0 (kPa)	孔隙压力 u (kPa)	孔隙压力增量 Δu	试样体积变化		说明(检验结果)	时间(min)	量管		孔隙压力 u		体变管		说明
					读数 (cm^3)	体变量 (cm^3)			读数	排水量 (cm^3)	读数 (kPa)	压力值 (kPa)	读数 (cm^3)	体变值 (cm^3)	

表 D. 36 三轴压缩试验记录表(三)

试样编号		试验者	
试验方法		计算者	
试验日期		校核者	
仪器名称及编号			

周围压力 σ_3=__________ kPa　　固结下沉量 Δh=__________ cm

剪切应变速率=__________ mm/min　　固结后高度 h_c=__________ cm

测力计率定系数 C=__________ N/0.01mm　　固结后面积 A_c=__________ cm^2

轴向变形读数 Δh_i (0.01 mm)	轴向应变 $\varepsilon_1=\frac{\Delta h_i}{h_c\times10}$ (%)	试样校正后面积 $A_a=\frac{A_c}{1-\varepsilon_1\times0.01}$ (cm^2)	测力计表读数 R (0.01 mm)	主应力差 $(\sigma_1-\sigma_3)=\frac{RC}{A_a}\times10$ (kPa)	大主应力 $\sigma_1=\sigma_3+(\sigma_1-\sigma_3)$ (kPa)	孔隙压力 u		试样体积变化				有效大主应力 σ_1' (kPa)	有效小主应力 σ_3' (kPa)	有效主应力比 $\frac{\sigma_1}{\sigma_3}$	$\frac{\sigma_1-\sigma_3}{2}$ (kPa)	$\frac{\sigma_1+\sigma_3}{2}$ (kPa)	$\frac{\sigma_1+\sigma_3}{3}$ (kPa)
								排水管		体积变化							
						读数	压力值 (kPa)	读数	排出水量 (cm^3)	读数	体变量 (cm^3)						

课前学生任务单

项目名称	项目二　土工试验		
任务名称	任务十一　三轴压缩试验		
任务分组			
班　　级		组　　号	
姓　　名		学　　号	
组长姓名		指导老师	
任务分工	试　　验	计　　算	校　　核
负责人 1			
负责人 2			
任务目标			
1. 按标准中三轴试验试样制备和饱和的方法进行土样制备和饱和。 2. 在活页宝典中记录发现的问题。			
学习步骤			
1. 查阅《土工试验方法标准》(GB/T 50123—2019) 三轴压缩试验试样的制备和饱和部分完成土样制备和饱和。 2. 在活页宝典中记录发现的问题。			

活　页　宝　典

课程名称		任课教师	
班级姓名		学　　号	
项目名称		任务名称	
活页笔记			
思维导图			
创新点			
活页测评			

项目三 检测报告整理

任务一 整理试验资料

一、工作任务

土工试验是一项系统而有序的工作，既涉及繁重而严谨的手工操作，又包含数量巨大的数据处理，如颗粒分析试验，如果采用人工计算和手工绘图需要花费一定的时间且易出错。利用Office办公软件中的Excel电子表格可以自动计算并自动生成相应的颗粒大小分布曲线，具有快速、准确、节省工作量的优点。某土样颗粒分析试验部分已经完成，原始记录数据如图3-1-1，接下来需要进行数据处理，并得出试验结论。

筛前干土质量（g）	3484.20											
筛析法试验记录												
孔径(mm)	60	40	20	10	5	2	1.0	0.5	0.25	0.1	0.075	底盘
留筛土质量（g）	0	101.64	6.72	59.50	59.67	58.36	47.08	100.19	200.47	322.01	719.02	1799.32

密度计法试验记录											
下沉时间	分	0.5	1	2	5	15	30	60	120	180	1440
悬液温度	℃	20.5	20.5	20.5	20.5	20.5	20.5	20.5	21	22	20
密度计读数	R_2	1.0170	1.0160	1.0150	1.0136	1.0120	1.0110	1.0100	1.0088	1.0084	1.0064
比重2.65		弯液面校正值：0			干土质量:30g		分散剂校正值（C'_D）：0.0002			乙种密度计	

图3-1-1 某土样颗粒分析试验原始记录数据

任务3-3-1：根据颗粒分析试验记录数据，用Excel进行数据处理并得出试验结论。

二、工作目标

用Excel进行数据处理并得出试验结论。

三、任务分组

表3-1-1 任务分组表

班　级		组　号	
姓　名		学　号	
组长姓名		指导老师	
任务分工	查找资料	自动计算	自动绘图
负责人1			
负责人2			

四、引导问题

1. 如何利用 Excel 进行自动计算?
2. 如何利用 Excel 进行自动绘图?

五、工作计划

(一) 课前

(1) 收集查阅利用 Excel 进行自动计算和自动绘图的论文。

(2) 在活页宝典中记录发现的问题。

(二) 课中

(1) 利用颗粒分析试验记录数据，在机房练习用 Excel 进行自动计算并自动生成相应的颗粒大小分布曲线。

(2) 在活页宝典中记录发现的问题。

(3) 填写学生自评表进行自我评价，并向老师反馈试验中发现的问题。

(三) 课后

(1) 用思维导图归纳总结 Excel 自动计算和自动成图的方法。

(2) 记录自动计算和自动成图的创新想法。

六、进度决策

收集资料（课前：30min）→用 Excel 进行自动计算（30min）→总结自动计算要点（10min）→用 Excel 进行自动成图（30min）→总结自动成图要点（10min）。

七、工作实施

(一) 工作准备

(1) 试验原始记录表，如图 2-1-1 所示。

(2) 准备好计算机及 Office 软件。

(二) 开展工作（以下以 Office 2016 为例）

1. 筛析法试验数据计算

【步骤 1】 右键单击电脑桌面，单击“新建”，单击“Microsoft Excel 工作表”，新建 EXCEL 工作表，这里命名为“颗粒分析试验计算及绘图”，如图 3-1-2、图 3-1-3 所示。

【步骤 2】 将筛析法记录表中的试验数据输入 Excel 表中，如图 3-1-4 所示。

【步骤 3】 计算各级筛上和筛底试样质量的总和。单击 N4 单元格，单击工具栏中“公式”，再单击“自动求和”，再单击“求和”，如图 3-1-5，得图 3-1-6。左键选中各级筛上和筛底试样质量，如图 3-1-7，单击键盘“Enter”后出现界面如图 3-1-8 所示，即筛分后各级筛上和筛底试样质量总和为 3473.98g。

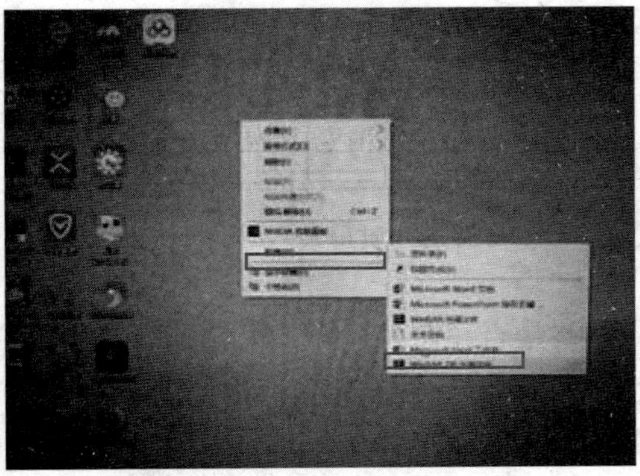

图 3-1-2　新建 Excel 工作表

图 3-1-3　Excel 工作表重命名

筛前干土质量（g）	3484.20											
筛析法颗粒分析试验数据处理												
孔径(mm)	60	40	20	10	5	2	1.0	0.5	0.25	0.1	0.075	底盘
留筛土质量（g）	0	101.64	6.72	59.50	59.67	58.36	47.08	100.19	200.47	322.01	719.02	1799.32

图 3-1-4　录入筛析法试验数据

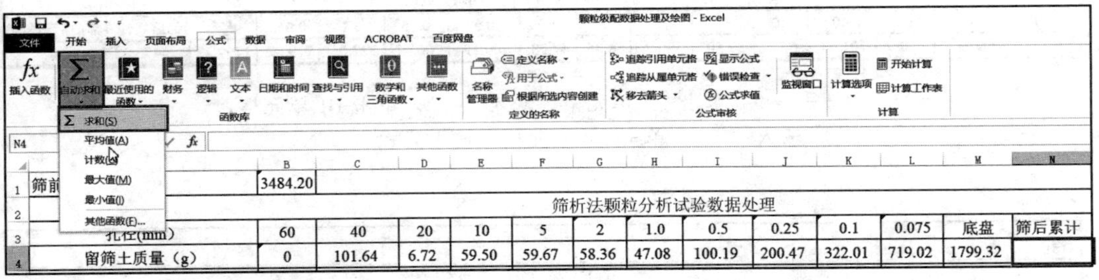

图 3-1-5　单击 N4 单元格、单击工具栏中“公式”、单击“自动求和”，单击“求和”

	A	B	C	D	E	F	G	H	I	J	K	L	M	N	O
1	筛前干土质量（g）	3484.20													
2	筛析法颗粒分析试验数据处理														
3	孔径(mm)	60	40	20	10	5	2	1.0	0.5	0.25	0.1	0.075	底盘	筛后累计	筛前后质量
4	留筛土质量（g）	0	101.64	6.72	59.50	59.67	58.36	47.08	100.19	200.47	322.01	719.02	1799.32	=SUM(C4:M4)	
5														SUM(number1, [number2], ...)	

图 3-1-6　单击求和后界面

筛前干土质量（g）	3484.20													
筛析法颗粒分析试验数据处理														
孔径(mm)	60	40	20	10	5	2	1.0	0.5	0.25	0.1	0.075	底盘	筛后累计	筛前后质量差
留筛土质量（g）	0	101.64	6.72	59.50	59.67	58.36	47.08	100.19	200.47	322.01	719.02	1799.32	=SUM(B4:M4)	
													SUM(number1, [number2], ...)	

图 3-1-7　左键选中各级筛上和筛底试样质量

	A	B	C	D	E	F	G	H	I	J	K	L	M	N	O
1	筛前干土质量（g）	3484.20													
2								筛析法颗粒分析试验数据处理							
3	孔径(mm)	60	40	20	10	5	2	1.0	0.5	0.25	0.1	0.075	底盘	筛后累计	筛前后质量差
4	留筛土质量（g）	0	101.64	6.72	59.50	59.67	58.36	47.08	100.19	200.47	322.01	719.02	1799.32	3473.98	
5															

图 3-1-8　单击键盘“Enter”得到筛后累计质量

【步骤 4】 计算筛分前后质量差、判断试验误差是否超限。

（1）计算筛分前后质量差。筛前总土质量为 3484.20g，单击 O4 单元格，单击键盘“＝”键输入“＝”，单击 B1 单元格，单击键盘“－”键输入“－”，单击 N4 单元格，输入筛分前后质量差计算公式 B1－N4，如图 3-1-9 所示。单击“Enter”键后得筛分前后土样质量差为 10.22g，界面如图 3-1-10 所示。

（2）计算并判断筛分试验误差。单击 P4 单元格，输入“＝”，单击界面 O4 单元格，输入“*”，再输入 100，输入“/”，最后单击 B1 单元格，输入误差计算公式 O4*100/B1，如图 3-1-11 所示。单击“Enter”键后得筛分前后误差为 0.29%，如图 3-1-12 所示。筛分误差小于规范要求的 1%，满足规范要求。

	A	B	C	D	E	F	G	H	I	J	K	L	M	N	O
1	筛前干土质量（g）	3484.20													
2								筛析法颗粒分析试验数据处理							
3	孔径(mm)	60	40	20	10	5	2	1.0	0.5	0.25	0.1	0.075	底盘	筛后累计	筛前后质量差
4	留筛土质量（g）	0	101.64	6.72	59.50	59.67	58.36	47.08	100.19	200.47	322.01	719.02	1799.32	3473.98	=B1-N4

图 3-1-9　单击 O4 单元格，输入“＝”，单击 B1 单元格，
输入“－”，单击 N4 单元格，输入公式 B1－N4

	A	B	C	D	E	F	G	H	I	J	K	L	M	N	O
1	筛前干土质量（g）	3484.20													
2								筛析法颗粒分析试验数据处理							
3	孔径(mm)	60	40	20	10	5	2	1.0	0.5	0.25	0.1	0.075	底盘	筛后累计	筛前后质量差
4	留筛土质量（g）	0	101.64	6.72	59.50	59.67	58.36	47.08	100.19	200.47	322.01	719.02	1799.32	3473.98	10.22

图 3-1-10　单击“Enter”键后得筛分前后质量差

	A	B	C	D	E	F	G	H	I	J	K	L	M	N	O	P
1	筛前干土质量（g）	3484.20														
2								筛析法颗粒分析试验数据处理								
3	孔径(mm)	60	40	20	10	5	2	1.0	0.5	0.25	0.1	0.075	底盘	筛后累计	筛前后质量差	误差(%)
4	留筛土质量（g）	0	101.64	6.72	59.50	59.67	58.36	47.08	100.19	200.47	322.01	719.02	1799.32	3473.98	10.22	=O4*100/B1

图 3-1-11　在 P4 单元格输入误差的计算公式

	A	B	C	D	E	F	G	H	I	J	K	L	M	N	O	P
1	筛前干土质量（g）	3484.20														
2								筛析法颗粒分析试验数据处理								
3	孔径(mm)	60	40	20	10	5	2	1.0	0.5	0.25	0.1	0.075	底盘	筛后累计	筛前后质量差	误差(%)
4	留筛土质量（g）	0	101.64	6.72	59.50	59.67	58.36	47.08	100.19	200.47	322.01	719.02	1799.32	3473.98	10.22	0.29

图 3-1-12　单击“Enter”键后得筛分前后误差

【步骤 5】 计算留筛土质量调整值。将试验过程中损失的 10.22g 土，按各筛上土质量加权平均到各级筛上，保留到小数点后两位。

（1）计算 60mm 筛上土样质量的调整值。单击 B5 单元格，单击“＝”键，然后输入公式 B4 * 10.22/3484.20，如图 3－1－13 所示。再单击“Enter”键得 60mm 筛上增加的调整值为 0.00g，如图 3－1－14 所示。

（2）计算其他筛上土样质量的调整值。单击 B5 单元格，水平拖动 B5 单元格右下角得所有筛上及底盘上土样的调整值，如图 3－1－15 所示。

	A	B	C	D	E	F	G	H	I	J	K	L	M
1	筛前干土质量（g）	3484.20											
2	筛析法颗粒分析试验数据处理												
3	孔径(mm)	60	40	20	10	5	2	1.0	0.5	0.25	0.1	0.075	底盘
4	留筛土质量（g）	0	101.64	6.72	59.50	59.67	58.36	47.08	100.19	200.47	322.01	719.02	1799.32
5	留筛土质量调整	=B4*10.22/3484.2											

图 3－1－13　在 B5 单元格输入公式 B4 * 10.22/3484.20

	A	B	C	D	E	F	G	H	I	J	K	L	M
1	筛前干土质量（g）	3484.20											
2	筛析法颗粒分析试验数据处理												
3	孔径(mm)	60	40	20	10	5	2	1.0	0.5	0.25	0.1	0.075	底盘
4	留筛土质量（g）	0	101.64	6.72	59.50	59.67	58.36	47.08	100.19	200.47	322.01	719.02	1799.32
5	留筛土质量调整值（g）	0.00											

图 3－1－14　60mm 筛上土样质量的调整值

	A	B	C	D	E	F	G	H	I	J	K	L	M
1	筛前干土质量（g）	3484.20											
2	筛析法颗粒分析试验数据处理												
3	孔径(mm)	60	40	20	10	5	2	1.0	0.5	0.25	0.1	0.075	底盘
4	留筛土质量（g）	0	101.64	6.72	59.50	59.67	58.36	47.08	100.19	200.47	322.01	719.02	1799.32
5	留筛土质量调整值（g）	0.00	0.30	0.02	0.17	0.18	0.17	0.14	0.29	0.59	0.94	2.11	5.28

图 3－1－15　所有筛上及底盘上土样质量的调整值

【步骤 6】 计算留筛土质量占总土质量百分数。

（1）计算 60mm 筛上留筛土质量总占土质量百分数。单击 B6 单元格，单击“＝”键，然后输入公式（B4＋B5） * 100/3484.20，如图 3－1－16 所示。再单击“Enter”键得 60mm 筛上留筛土质量占总土质量百分数为 0.00%，如图 3－1－17 所示。

	A	B	C	D	E	F	G	H	I	J	K	L	M
1	筛前干土质量（g）	3484.20											
2	筛析法颗粒分析试验数据处理												
3	孔径(mm)	60	40	20	10	5	2	1.0	0.5	0.25	0.1	0.075	底盘
4	留筛土质量（g）	0	101.64	6.72	59.50	59.67	58.36	47.08	100.19	200.47	322.01	719.02	1799.32
5	留筛土质量调整值（g）	0.00	0.30	0.02	0.17	0.18	0.17	0.14	0.29	0.59	0.94	2.11	5.28
6	留筛土占总土百分	=(B4+B5)*100/3484.20											

图 3－1－16　B6 单元格输入计算公式（B4＋B5） * 100/3484.20

	A	B	C	D	E	F	G	H	I	J	K	L	M
1	筛前干土质量（g）	3484.20											
2	筛析法颗粒分析试验数据处理												
3	孔径(mm)	60	40	20	10	5	2	1.0	0.5	0.25	0.1	0.075	底盘
4	留筛土质量（g）	0	101.64	6.72	59.50	59.67	58.36	47.08	100.19	200.47	322.01	719.02	1799.32
5	留筛土质量调整值（g）	0.00	0.30	0.02	0.17	0.18	0.17	0.14	0.29	0.59	0.94	2.11	5.28
6	留筛土占总土百分数（%）	0.00											

图 3-1-17　单击“Enter”键得 60mm 筛上留筛土质量占总土质量百数为 0%

（2）计算其余留筛土质量占总土质量百分数。水平拖动 B6 单元格右下角得所有筛上及底盘上土样质量占总土质量的百分数，如图 3-1-18 所示。

	A	B	C	D	E	F	G	H	I	J	K	L	M
1	筛前干土质量（g）	3484.20											
2	筛析法颗粒分析试验数据处理												
3	孔径(mm)	60	40	20	10	5	2	1.0	0.5	0.25	0.1	0.075	底盘
4	留筛土质量（g）	0	101.64	6.72	59.50	59.67	58.36	47.08	100.19	200.47	322.01	719.02	1799.32
5	留筛土质量调整值（g）	0.00	0.30	0.02	0.17	0.18	0.17	0.14	0.29	0.59	0.94	2.11	5.28
6	留筛土占总土百分数（%）	0.00	2.93	0.19	1.71	1.72	1.68	1.36	2.88	5.77	9.27	20.70	51.79

图 3-1-18　拖动 B6 单元格右下角得所有筛上及底盘上土样质量占总土质量的百分数

【步骤 7】 计算小于该孔径的土质量百分数（%）。

（1）计算小于 60mm 的土质量百分数，因为 60mm 筛上土样质量为 0g，说明土样所有颗粒粒径都小于 60mm，所以小于 60mm 的土质量百分数为 100%，如图 3-1-19 所示。

	A	B	C	D	E	F	G	H	I	J	K	L	M
1	筛前干土质量（g）	3484.20											
2	筛析法颗粒分析试验数据处理												
3	孔径(mm)	60	40	20	10	5	2	1.0	0.5	0.25	0.1	0.075	底盘
4	留筛土质量（g）	0	101.64	6.72	59.50	59.67	58.36	47.08	100.19	200.47	322.01	719.02	1799.32
5	留筛土质量调整值（g）	0.00	0.30	0.02	0.17	0.18	0.17	0.14	0.29	0.59	0.94	2.11	5.28
6	留筛土占总土百分数（%）	0.00	2.93	0.19	1.71	1.72	1.68	1.36	2.88	5.77	9.27	20.70	51.79
7	小于该孔径的土质量百分数(%)	100.00											

图 3-1-19　小于 60mm 的土质量百分数为 100%

（2）计算小于 40mm 的土质量百分数，小于 60mm 的土质量百分数减去 40mm 留筛土占总土百分数，即得小于 40mm 的土质量百分数。具体操作为：单击 C7 单元格，单击“=”键，然后输入公式（B7－C6），如图 3-1-20 所示。再单击“Enter”键得小于 40mm 的土质量百分数为 97.07%，如图 3-1-21 所示。

	A	B	C	D	E	F	G	H	I	J	K	L	M
1	筛前干土质量（g）	3484.20											
2	筛析法颗粒分析试验数据处理												
3	孔径(mm)	60	40	20	10	5	2	1.0	0.5	0.25	0.1	0.075	底盘
4	留筛土质量（g）	0	101.64	6.72	59.50	59.67	58.36	47.08	100.19	200.47	322.01	719.02	1799.32
5	留筛土质量调整值（g）	0.00	0.30	0.02	0.17	0.18	0.17	0.14	0.29	0.59	0.94	2.11	5.28
6	留筛土占总土百分数（%）	0.00	2.93	0.19	1.71	1.72	1.68	1.36	2.88	5.77	9.27	20.70	51.79
7	小于该孔径的土质量百分数(%)	100.00	=B7-C6										

图 3-1-20　C7 单元格输入公式 B7－C6

	A	B	C	D	E	F	G	H	I	J	K	L	M
1	筛前干土质量（g）	3484.20											
2	筛析法颗粒分析试验数据处理												
3	孔径(mm)	60	40	20	10	5	2	1.0	0.5	0.25	0.1	0.075	底盘
4	留筛土质量（g）	0	101.64	6.72	59.50	59.67	58.36	47.08	100.19	200.47	322.01	719.02	1799.32
5	留筛土质量调整值（g）	0.00	0.30	0.02	0.17	0.18	0.17	0.14	0.29	0.59	0.94	2.11	5.28
6	留筛土占总土百分数（%）	0.00	2.93	0.19	1.71	1.72	1.68	1.36	2.88	5.77	9.27	20.70	51.79
7	小于该孔径的土质量百分数(%)	100.00	97.07										

图 3-1-21　小于 40mm 的土质量百分数为 97.07%

（3）计算小于其他孔径的土质量百分数。水平拖动 C7 单元格右下角得小于其他孔径的土质量百分数，如图 3-1-22 所示。

	A	B	C	D	E	F	G	H	I	J	K	L	M
1	筛前干土质量（g）	3484.20											
2	筛析法颗粒分析试验数据处理												
3	孔径(mm)	60	40	20	10	5	2	1.0	0.5	0.25	0.1	0.075	底盘
4	留筛土质量（g）	0	101.64	6.72	59.50	59.67	58.36	47.08	100.19	200.47	322.01	719.02	1799.32
5	留筛土质量调整值（g）	0.00	0.30	0.02	0.17	0.18	0.17	0.14	0.29	0.59	0.94	2.11	5.28
6	留筛土占总土百分数（%）	0.00	2.93	0.19	1.71	1.72	1.68	1.36	2.88	5.77	9.27	20.70	51.79
7	小于该孔径的土质量百分数(%)	100.00	97.07	96.88	95.17	93.45	91.77	90.42	87.53	81.76	72.49	51.79	0.00

图 3-1-22　小于该孔径的土质量百分数

2. 密度计法试验数据计算

【步骤 1】 新建"密度计法试验数据的计算"sheet，并录入试验已知条件和试验数据。

（1）在"颗粒分析试验计算及绘图"Excel 表中重新打开一个"sheet"并命名为"密度计法试验数据的计算"，如图 3-1-23 所示。

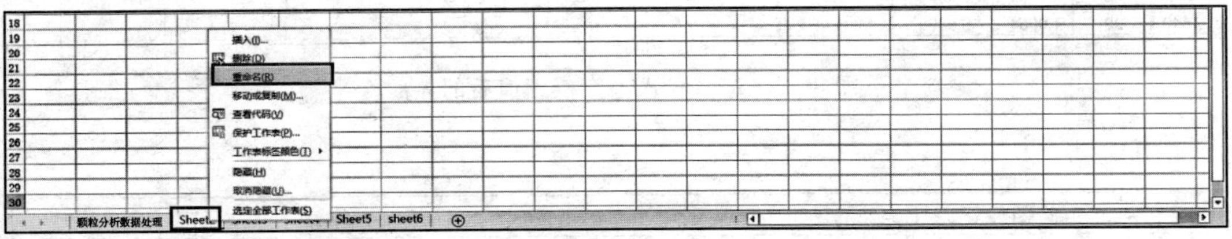

图 3-1-23　在"颗粒分析试验计算及绘图"Excel 表中创建"密度计法试验数据的计算"sheet

（2）将土粒比重、处理方法、弯液面校正值、试验土样的干土质量和分散剂矫正值已知条件录入 Excel 表中，如图 3-1-24 所示。

（3）查表录入温度校正值。根据每次读数时的悬液温度查《标准》中表 8.3.4-2 温度校正值，并录入表中，如图 3-1-25 所示。

【步骤 2】 计算小于该孔径的土质量百分数。

（1）计算 R。单击 F4 单元格，单击"＝"键，然后输入公式（C4－1）＋D4＋E4－

0.0002，如图 3-1-26 所示。再单击"Enter"键得 0.0169，如图3-1-27 所示。单击 F4 单元格，竖直拖动 F4 单元格右下角得所有 $(R_2-1)+n'_w+m'_T-C'_D$值，如图 3-1-28 所示。

	A	B	C	D	E	F	G	H	I	J	K
1	比重	2.65	处理方法	乙种密度计	弯液面校正值	0	干土质量（g）	30	分散剂校正值（C'D）	0.0002	
2	下沉时间	悬液温度	密度计读数	弯液面校正值	温度校正值	R'=(R2-1)+n'w+m'T-C'D	R=R'* Cs	土粒沉降距离	粒径	小于该孔径的土质量百分数	小于该孔径的总土质量百分数
3	分	℃	R2	n'w	m'T		（cm）	（cm）	（mm）	(%)	
4	0.5	20.5	1.0170	0.0000							
5	1	20.5	1.0160	0.0000							
6	2	20.5	1.0150	0.0000							
7	5	20.5	1.0136	0.0000							
8	15	20.5	1.0120	0.0000							
9	30	20.5	1.0110	0.0000							
10	60	20.5	1.0100	0.0000							
11	120	21	1.0088	0.0000							
12	180	22	1.0084	0.0000							
13	1440	20	1.0064	0.0000							

图 3-1-24　录入已知条件的界面

	A	B	C	D	E	F	G	H	I	J	K
1	比重	2.65	处理方法	乙种密度计	弯液面校正值	0	干土质量（g）	30	分散剂校正值（C'D）	0.0002	
2	下沉时间	悬液温度	密度计读数	弯液面校正值	温度校正值	R'=(R2-1)+n'w+m'T-C'D	R=R'* Cs	土粒沉降距离	粒径	小于该孔径的土质量百分数	小于该孔径的总土质量百分数
3	分	℃	R2	n'w	m'T		（cm）	（cm）	（mm）	(%)	
4	0.5	20.5	1.0170	0.0000	0.0001						
5	1	20.5	1.0160	0.0000	0.0001						
6	2	20.5	1.0150	0.0000	0.0001						
7	5	20.5	1.0136	0.0000	0.0001						
8	15	20.5	1.0120	0.0000	0.0001						
9	30	20.5	1.0110	0.0000	0.0001						
10	60	20.5	1.0100	0.0000	0.0001						
11	120	21	1.0088	0.0000	0.0002						
12	180	22	1.0084	0.0000	0.0004						
13	1440	20	1.0064	0.0000	0.0000						

图 3-1-25　录入温度校正值后的界面

	A	B	C	D	E	F	G	H	I	J	K
1	比重	2.65	处理方法	乙种密度计	弯液面校正值	0	干土质量（g）	30	分散剂校正值（C'D）	0.0002	
2	下沉时间	悬液温度	密度计读数	弯液面校正值	温度校正值	R'=(R2-1)+n'w+m'T-C'D	R=R'* Cs	土粒沉降距离	粒径	小于该孔径的土质量百分数	小于该孔径的总土质量百分数
3	分	℃	R2	n'w	m'T		（cm）	（cm）	（mm）	(%)	
4	0.5	20.5	1.0170	0.0000		=(C4-1)+D4+E4-0.0002					
5	1	20.5	1.0160	0.0000	0.0001						
6	2	20.5	1.0150	0.0000	0.0001						
7	5	20.5	1.0136	0.0000	0.0001						
8	15	20.5	1.0120	0.0000	0.0001						
9	30	20.5	1.0110	0.0000	0.0001						
10	60	20.5	1.0100	0.0000	0.0001						
11	120	21	1.0088	0.0000	0.0002						
12	180	22	1.0084	0.0000	0.0004						
13	1440	20	1.0064	0.0000	0.0000						

图 3-1-26　在 F4 单元格输入 $(R_2-1)+n'_w+m'_T-C'_D$计算公式

	A	B	C	D	E	F	G	H	I	J	K
1	比重	2.65	处理方法	乙种密度计	弯液面校正值	0	干土质量（g）	30	分散剂校正值（C'_D）	0.0002	
2	下沉时间	悬液温度	密度计读数	弯液面校正值	温度校正值	$R'=(R_2-1)+n'_w+m'_T-C'_D$	$R=R'*$ Cs	土粒沉降距离	粒径	小于该孔径的土质量百分数	小于该孔径的总土质量百分数
3	分	℃	R_2	n'_w	m'_T		(cm)	(cm)	(mm)	(%)	
4	0.5	20.5	1.0170	0.0000	0.0001	0.0169					
5	1	20.5	1.0160	0.0000	0.0001						
6	2	20.5	1.0150	0.0000	0.0001						
7	5	20.5	1.0136	0.0000	0.0001						
8	15	20.5	1.0120	0.0000	0.0001						
9	30	20.5	1.0110	0.0000	0.0001						
10	60	20.5	1.0100	0.0000	0.0001						
11	120	21	1.0088	0.0000	0.0002						
12	180	22	1.0084	0.0000	0.0004						
13	1440	20	1.0064	0.0000	0.0000						

图 3-1-27　F4 单元格内 $(R_2-1)+n'_w+m'_T-C'_D$的值

	A	B	C	D	E	F	G	H	I	J	K
1	比重	2.65	处理方法	乙种密度计	弯液面校正值	0	干土质量（g）	30	分散剂校正值（C'_D）	0.0002	
2	下沉时间	悬液温度	密度计读数	弯液面校正值	温度校正值	$R'=(R_2-1)+n'_w+m'_T-C'_D$	$R=R'*$ Cs	土粒沉降距离	粒径	小于该孔径的土质量百分数	小于该孔径的总土质量百分数
3	分	℃	R_2	n'_w	m'_T		(cm)	(cm)	(mm)	(%)	
4	0.5	20.5	1.0170	0.0000	0.0001	0.0169					
5	1	20.5	1.0160	0.0000	0.0001	0.0159					
6	2	20.5	1.0150	0.0000	0.0001	0.0149					
7	5	20.5	1.0136	0.0000	0.0001	0.0135					
8	15	20.5	1.0120	0.0000	0.0001	0.0119					
9	30	20.5	1.0110	0.0000	0.0001	0.0109					
10	60	20.5	1.0100	0.0000	0.0001	0.0099					
11	120	21	1.0088	0.0000	0.0002	0.0088					
12	180	22	1.0084	0.0000	0.0004	0.0086					
13	1440	20	1.0064	0.0000	0.0000	0.0062					

图 3-1-28　所有 $(R_2-1)+n'_w+m'_T-C'_D$值

(2) 计算 $[(R_2-1)+n'_w+m'_T-C'_D]C'_S$。该土样比重为 2.65，查《标准》中表 8.3.4-1 土粒比重校正值，计算得 $C'_S=1.606$。单击 G4 单元格，单击“=”键，然后输入公式 F4 * 1.606，如图 3-1-29 所示。再单击“Enter”键得 0.0271，如图 3-1-30 所示。单击 G4 单元格，竖直拖动 G4 单元格右下角得所有 $[(R_2-1)+n'_w+m'_T-C'_D]C'_S$值，如图 3-1-31 所示。

	A	B	C	D	E	F	G	H	I	J	K
1	比重	2.65	处理方法	乙种密度计	弯液面校正值	0	干土质量（g）	30	分散剂校正值（C'_D）	0.0002	
2	下沉时间	悬液温度	密度计读数	弯液面校正值	温度校正值	$R'=(R_2-1)+n'_w+m'_T-C'_D$	$R=R'*$ C's	土粒沉降距离	粒径	小于该孔径的土质量百分数	小于该孔径的总土质量百分数
3	分	℃	R_2	n'_w	m'_T		(cm)	(cm)	(mm)	(%)	
4	0.5	20.5	1.0170	0.0000	0.0001	0.0169	=F4*1.606				
5	1	20.5	1.0160	0.0000	0.0001	0.0159					
6	2	20.5	1.0150	0.0000	0.0001	0.0149					
7	5	20.5	1.0136	0.0000	0.0001	0.0135					
8	15	20.5	1.0120	0.0000	0.0001	0.0119					
9	30	20.5	1.0110	0.0000	0.0001	0.0109					
10	60	20.5	1.0100	0.0000	0.0001	0.0099					
11	120	21	1.0088	0.0000	0.0002	0.0088					
12	180	22	1.0084	0.0000	0.0004	0.0086					
13	1440	20	1.0064	0.0000	0.0000	0.0062					

图 3-1-29　G4 单元格输入公式 F4 * 1.606

	A	B	C	D	E	F	G	H	I	J	K
1	比重	2.65	处理方法	乙种密度计	弯液面校正值	0	干土质量（g）	30	分散剂校正值（C'_D）	0.0002	
2	下沉时间	悬液温度	密度计读数	弯液面校正值	温度校正值	$R'=(R_2-1)+n'_w+m'_T-C'_D$	$R=R'*C's$	土粒沉降距离	粒径	小于该孔径的土质量百分数	小于该孔径的总土质量百分数
3	分	℃	R_2	n'_w	m'_T		(cm)	(cm)	(mm)	(%)	
4	0.5	20.5	1.0170	0.0000	0.0001	0.0169	0.0271				
5	1	20.5	1.0160	0.0000	0.0001	0.0159					
6	2	20.5	1.0150	0.0000	0.0001	0.0149					
7	5	20.5	1.0136	0.0000	0.0001	0.0135					
8	15	20.5	1.0120	0.0000	0.0001	0.0119					
9	30	20.5	1.0110	0.0000	0.0001	0.0109					
10	60	20.5	1.0100	0.0000	0.0001	0.0099					
11	120	21	1.0088	0.0000	0.0002	0.0088					
12	180	22	1.0084	0.0000	0.0004	0.0086					
13	1440	20	1.0064	0.0000	0.0000	0.0062					

图 3-1-30　G4 单元格 $[(R_2-1)+n'_w+m'_T-C'_D]\ C'_S$ 值

	A	B	C	D	E	F	G	H	I	J	K
1	比重	2.65	处理方法	乙种密度计	弯液面校正值	0	干土质量（g）	30	分散剂校正值（C'_D）	0.0002	
2	下沉时间	悬液温度	密度计读数	弯液面校正值	温度校正值	$R'=(R_2-1)+n'_w+m'_T-C'_D$	$R=R'*C's$	土粒沉降距离	粒径	小于该孔径的土质量百分数	小于该孔径的总土质量百分数
3	分	℃	R_2	n'_w	m'_T		(cm)	(cm)	(mm)	(%)	
4	0.5	20.5	1.0170	0.0000	0.0001	0.0169	0.0271				
5	1	20.5	1.0160	0.0000	0.0001	0.0159	0.0255				
6	2	20.5	1.0150	0.0000	0.0001	0.0149	0.0239				
7	5	20.5	1.0136	0.0000	0.0001	0.0135	0.0217				
8	15	20.5	1.0120	0.0000	0.0001	0.0119	0.0191				
9	30	20.5	1.0110	0.0000	0.0001	0.0109	0.0175				
10	60	20.5	1.0100	0.0000	0.0001	0.0099	0.0159				
11	120	21	1.0088	0.0000	0.0002	0.0088	0.0141				
12	180	22	1.0084	0.0000	0.0004	0.0086	0.0138				
13	1440	20	1.0064	0.0000	0.0000	0.0062	0.0100				

图 3-1-31　所有 $[(R_2-1)+n'_w+m'_T-C'_D]\ C'_S$ 值

【步骤 3】 计算土粒沉降距离。根据使用的乙种密度计检定证书，土粒沉降距离计算公式为 $L=a-b(R_2-1)=20.209-626.136(R_2-1)$。单击 H4 单元格，单击“=”键，然后输入公式 $20.209-626.136(R_2-1)$，如图 3-1-32 所示。再单击“Enter”键得 9.5647，如图 3-1-33 所示。单击 H4 单元格，竖直拖动 H4 单元格右下角得所有土粒沉降距离，如图 3-1-34 所示。

	A	B	C	D	E	F	G	H	I	J	K
1	比重	2.65	处理方法	乙种密度计	弯液面校正值	0	干土质量（g）	30	分散剂校正值（C'_D）	0.0002	
2	下沉时间	悬液温度	密度计读数	弯液面校正值	温度校正值	$R'=(R_2-1)+n'_w+m'_T-C'_D$	$R=R'*C's$	土粒沉降距离	粒径	小于该孔径的土质量百分数	小于该孔径的总土质量百分数
3	分	℃	R_2	n'_w	m'_T		(cm)	(cm)	(mm)	(%)	
4	0.5	20.5	1.0170	0.0000	0.0001	0.0169		=20.209-626.136*(C4-1)			
5	1	20.5	1.0160	0.0000	0.0001	0.0159	0.0255				
6	2	20.5	1.0150	0.0000	0.0001	0.0149	0.0239				
7	5	20.5	1.0136	0.0000	0.0001	0.0135	0.0217				
8	15	20.5	1.0120	0.0000	0.0001	0.0119	0.0191				
9	30	20.5	1.0110	0.0000	0.0001	0.0109	0.0175				
10	60	20.5	1.0100	0.0000	0.0001	0.0099	0.0159				
11	120	21	1.0088	0.0000	0.0002	0.0088	0.0141				
12	180	22	1.0084	0.0000	0.0004	0.0086	0.0138				
13	1440	20	1.0064	0.0000	0.0000	0.0062	0.0100				

图 3-1-32　H4 单元格输入公式 F4 * 1.606

	A	B	C	D	E	F	G	H	I	J	K
1	比重	2.65	处理方法	乙种密度计	弯液面校正值	0	干土质量（g）	30	分散剂校正值（C'_D）	0.0002	
2	下沉时间	悬液温度	密度计读数	弯液面校正值	温度校正值	$R'=(R_2-1)+n'_w+m'_T-C'_D$	$R=R'*C's$	土粒沉降距离	粒径	小于该孔径的土质量百分数	小于该孔径的总土质量百分数
3	分	℃	R_2	n'_w	m'_T		（cm）	（cm）	（mm）	（%）	
4	0.5	20.5	1.0170	0.0000	0.0001	0.0169	0.0271	9.5647			
5	1	20.5	1.0160	0.0000	0.0001	0.0159	0.0255				
6	2	20.5	1.0150	0.0000	0.0001	0.0149	0.0239				
7	5	20.5	1.0136	0.0000	0.0001	0.0135	0.0217				
8	15	20.5	1.0120	0.0000	0.0001	0.0119	0.0191				
9	30	20.5	1.0110	0.0000	0.0001	0.0109	0.0175				
10	60	20.5	1.0100	0.0000	0.0001	0.0099	0.0159				
11	120	21	1.0088	0.0000	0.0002	0.0088	0.0141				
12	180	22	1.0084	0.0000	0.0004	0.0086	0.0138				
13	1440	20	1.0064	0.0000	0.0000	0.0062	0.0100				

图 3-1-33　H4 单元格土粒沉降距离

	A	B	C	D	E	F	G	H	I	J	K
1	比重	2.65	处理方法	乙种密度计	弯液面校正值	0	干土质量（g）	30	分散剂校正值（C'_D）	0.0002	
2	下沉时间	悬液温度	密度计读数	弯液面校正值	温度校正值	$R'=(R_2-1)+n'_w+m'_T-C'_D$	$R=R'*C's$	土粒沉降距离	粒径	小于该孔径的土质量百分数	小于该孔径的总土质量百分数
3	分	℃	R_2	n'_w	m'_T		（cm）	（cm）	（mm）	（%）	
4	0.5	20.5	1.0170	0.0000	0.0001	0.0169	0.0271	9.5647			
5	1	20.5	1.0160	0.0000	0.0001	0.0159	0.0255	10.1908			
6	2	20.5	1.0150	0.0000	0.0001	0.0149	0.0239	10.8170			
7	5	20.5	1.0136	0.0000	0.0001	0.0135	0.0217	11.6936			
8	15	20.5	1.0120	0.0000	0.0001	0.0119	0.0191	12.6954			
9	30	20.5	1.0110	0.0000	0.0001	0.0109	0.0175	13.3215			
10	60	20.5	1.0100	0.0000	0.0001	0.0099	0.0159	13.9476			
11	120	21	1.0088	0.0000	0.0002	0.0088	0.0141	14.6990			
12	180	22	1.0084	0.0000	0.0004	0.0086	0.0138	14.9495			
13	1440	20	1.0064	0.0000	0.0000	0.0062	0.0100	16.2017			

图 3-1-34　所有土粒沉降距离

【步骤 4】 计算各级粒径。

(1) 查《标准》中表 8.3.5-2 粒径计算系数 K 值表，计算得比重为 2.65 时，相应温度下的粒径计算系数 K 值，如图 3-1-35 所示。

	A	B	C	D	E	F	G	H	I	J	K	L
1	比重	2.65	处理方法	乙种密度计	弯液面校正值	0	干土质量（g）	30	分散剂校正值（C'_D）	0.0002		
2	下沉时间	悬液温度	密度计读数	弯液面校正值	温度校正值	$R'=(R_2-1)+n'_w+m'_T-C'_D$	$R=R'*C's$	土粒沉降距离	粒径	小于该孔径的土质量百分数	小于该孔径的总土质量百分数	粒径计算系数K值
3	分	℃	R_2	n'_w	m'_T		（cm）	（cm）	（mm）	（%）		
4	0.5	20.5	1.0170	0.0000	0.0001	0.0169	0.0271	9.5647				0.1051
5	1	20.5	1.0160	0.0000	0.0001	0.0159	0.0255	10.1908				0.1051
6	2	20.5	1.0150	0.0000	0.0001	0.0149	0.0239	10.8170				0.1051
7	5	20.5	1.0136	0.0000	0.0001	0.0135	0.0217	11.6936				0.1051
8	15	20.5	1.0120	0.0000	0.0001	0.0119	0.0191	12.6954				0.1051
9	30	20.5	1.0110	0.0000	0.0001	0.0109	0.0175	13.3215				0.1051
10	60	20.5	1.0100	0.0000	0.0001	0.0099	0.0159	13.9476				0.1051
11	120	21	1.0088	0.0000	0.0002	0.0088	0.0141	14.6990				0.1043
12	180	22	1.0084	0.0000	0.0004	0.0086	0.0138	14.9495				0.1035
13	1440	20	1.0064	0.0000	0.0000	0.0062	0.0100	16.2017				0.1059

图 3-1-35　比重为 2.65 时，相应温度下的粒径计算系数 K 值

（2）计算粒径。粒径计算公式为 $d=K\sqrt{\frac{L_t}{t}}$，单击 I4 单元格，单击“=”键，然后输入公式 L4 * SQRT（H4 * 60/A4），如图 3-1-36 所示。再单击“Enter”键得 0.0593，如图 3-1-37 所示。单击 H4 单元格，竖直拖动 I4 单元格右下角得所有土粒沉降距离，如 3-1-38 所示。

	A	B	C	D	E	F	G	H	I	J	K	L
1	比重	2.65	处理方法	乙种密度计	弯液面校正值	0	干土质量（g）	30	分散剂校正值（C'D）	0.0002		
2	下沉时间	悬液温度	密度计读数	弯液面校正值	温度校正值	R'=(R2-1)+n'w+m'T-C'D	R=R'* C's	土粒沉降距离	粒径	小于该孔径的土质量百分数	小于该孔径的总土质量百分数	粒径计算系数K值
3	分	℃	R2	n'w	m'T		(cm)	(cm)	(mm)	(%)		
4	0.5	20.5	1.0170	0.0000	0.0001	0.0169	0.0271		=L4*SQRT(H4/(60*A4))			0.1051
5	1	20.5	1.0160	0.0000	0.0001	0.0159	0.0255	10.1908				0.1051
6	2	20.5	1.0150	0.0000	0.0001	0.0149	0.0239	10.8170				0.1051
7	5	20.5	1.0136	0.0000	0.0001	0.0135	0.0217	11.6936				0.1051
8	15	20.5	1.0120	0.0000	0.0001	0.0119	0.0191	12.6954				0.1051
9	30	20.5	1.0110	0.0000	0.0001	0.0109	0.0175	13.3215				0.1051
10	60	20.5	1.0100	0.0000	0.0001	0.0099	0.0159	13.9476				0.1051
11	120	21	1.0088	0.0000	0.0002	0.0088	0.0141	14.6990				0.1043
12	180	22	1.0084	0.0000	0.0004	0.0086	0.0138	14.9495				0.1035
13	1440	20	1.0064	0.0000	0.0000	0.0062	0.0100	16.2017				0.1059

图 3-1-36　H4 单元格输入粒径计算公式

	A	B	C	D	E	F	G	H	I	J	K	L
1	比重	2.65	处理方法	乙种密度计	弯液面校正值	0	干土质量（g）	30	分散剂校正值（C'D）	0.0002		
2	下沉时间	悬液温度	密度计读数	弯液面校正值	温度校正值	R'=(R2-1)+n'w+m'T-C'D	R=R'* C's	土粒沉降距离	粒径	小于该孔径的土质量百分数	小于该孔径的总土质量百分数	粒径计算系数K值
3	分	℃	R2	n'w	m'T		(cm)	(cm)	(mm)	(%)		
4	0.5	20.5	1.0170	0.0000	0.0001	0.0169	0.0271	9.5647	0.0593			0.1051
5	1	20.5	1.0160	0.0000	0.0001	0.0159	0.0255	10.1908				0.1051
6	2	20.5	1.0150	0.0000	0.0001	0.0149	0.0239	10.8170				0.1051
7	5	20.5	1.0136	0.0000	0.0001	0.0135	0.0217	11.6936				0.1051
8	15	20.5	1.0120	0.0000	0.0001	0.0119	0.0191	12.6954				0.1051
9	30	20.5	1.0110	0.0000	0.0001	0.0109	0.0175	13.3215				0.1051
10	60	20.5	1.0100	0.0000	0.0001	0.0099	0.0159	13.9476				0.1051
11	120	21	1.0088	0.0000	0.0002	0.0088	0.0141	14.6990				0.1043
12	180	22	1.0084	0.0000	0.0004	0.0086	0.0138	14.9495				0.1035
13	1440	20	1.0064	0.0000	0.0000	0.0062	0.0100	16.2017				0.1059

图 3-1-37　H4 单元格粒径值

	A	B	C	D	E	F	G	H	I	J	K	L
1	比重	2.65	处理方法	乙种密度计	弯液面校正值	0	干土质量（g）	30	分散剂校正值（C'D）	0.0002		
2	下沉时间	悬液温度	密度计读数	弯液面校正值	温度校正值	R'=(R2-1)+n'w+m'T-C'D	R=R'* C's	土粒沉降距离	粒径	小于该孔径的土质量百分数	小于该孔径的总土质量百分数	粒径计算系数K值
3	分	℃	R2	n'w	m'T		(cm)	(cm)	(mm)	(%)		
4	0.5	20.5	1.0170	0.0000	0.0001	0.0169	0.0271	9.5647	0.0593			0.1051
5	1	20.5	1.0160	0.0000	0.0001	0.0159	0.0255	10.1908	0.0433			0.1051
6	2	20.5	1.0150	0.0000	0.0001	0.0149	0.0239	10.8170	0.0316			0.1051
7	5	20.5	1.0136	0.0000	0.0001	0.0135	0.0217	11.6936	0.0207			0.1051
8	15	20.5	1.0120	0.0000	0.0001	0.0119	0.0191	12.6954	0.0125			0.1051
9	30	20.5	1.0110	0.0000	0.0001	0.0109	0.0175	13.3215	0.0090			0.1051
10	60	20.5	1.0100	0.0000	0.0001	0.0099	0.0159	13.9476	0.0065			0.1051
11	120	21	1.0088	0.0000	0.0002	0.0088	0.0141	14.6990	0.0047			0.1043
12	180	22	1.0084	0.0000	0.0004	0.0086	0.0138	14.9495	0.0039			0.1035
13	1440	20	1.0064	0.0000	0.0000	0.0062	0.0100	16.2017	0.0015			0.1059

图 3-1-38　所有粒径值

【步骤 5】 计算 J 列，小于该孔径的土质量占细粒组质量的百分数。根据《土工试验方法标准》（GB/T 50123—2019）公式 8.3.4－3，计算小于某粒径的土质量百分数，20℃时水的密度为 0.998203g/cm³。单击 J4 单元格，单击“＝”键，然后输入公式 100＊1000＊G4＊0.998203/30，如图 3－1－39 所示。再单击“Enter”键得小于 0.0593mm 的土质量占细粒组质量的百分数为 90.31％，如图 3－1－40 所示。单击 J4 单元格，竖直拖动 J4 单元格右下角得所有小于该孔径的土质量占细粒组质量的百分数，如图 3－1－41 所示。

	A	B	C	D	E	F	G	H	I	J	K	L
1	比重	2.65	处理方法	乙种密度计	弯液面校正值	0	干土质量（g）	30	分散剂校正值（C'_D）	0.0002		
2	下沉时间	悬液温度	密度计读数	弯液面校正值	温度校正值	$R'=(R_2-1)+n'_w+m'_T-C'_D$	$R=R'*C's$	土粒沉降距离	粒径	小于该孔径的土质量百分数	小于该孔径的总土质量百分数	粒径计算系数K值
3	分	℃	R_2	n'_w	m'_T		(cm)	(cm)	(mm)	(%)		
4	0.5	20.5	1.0170	0.0000	0.0001	0.0169	0.0271	9.5647		=100*1000*G4*0.998203/30		0.1051
5	1	20.5	1.0160	0.0000	0.0001	0.0159	0.0255	10.1908	0.0433			0.1051
6	2	20.5	1.0150	0.0000	0.0001	0.0149	0.0239	10.8170	0.0316			0.1051
7	5	20.5	1.0136	0.0000	0.0001	0.0135	0.0217	11.6936	0.0207			0.1051
8	15	20.5	1.0120	0.0000	0.0001	0.0119	0.0191	12.6954	0.0125			0.1051
9	30	20.5	1.0110	0.0000	0.0001	0.0109	0.0175	13.3215	0.0090			0.1051
10	60	20.5	1.0100	0.0000	0.0001	0.0099	0.0159	13.9476	0.0065			0.1051
11	120	21	1.0088	0.0000	0.0002	0.0088	0.0141	14.6990	0.0047			0.1043
12	180	22	1.0084	0.0000	0.0004	0.0086	0.0138	14.9495	0.0039			0.1035
13	1440	20	1.0064	0.0000	0.0000	0.0062	0.0100	16.2017	0.0015			0.1059

图 3－1－39　J4 单元格输入小于 0.0593mm 的土质量占细粒组质量的百分数的计算公式

	A	B	C	D	E	F	G	H	I	J	K	L
1	比重	2.65	处理方法	乙种密度计	弯液面校正值	0	干土质量（g）	30	分散剂校正值（C'_D）	0.0002		
2	下沉时间	悬液温度	密度计读数	弯液面校正值	温度校正值	$R'=(R_2-1)+n'_w+m'_T-C'_D$	$R=R'*C's$	土粒沉降距离	粒径	小于该孔径的土质量百分数	小于该孔径的总土质量百分数	粒径计算系数K值
3	分	℃	R_2	n'_w	m'_T		(cm)	(cm)	(mm)	(%)		
4	0.5	20.5	1.0170	0.0000	0.0001	0.0169	0.0271	9.5647	0.0593	90.31		0.1051
5	1	20.5	1.0160	0.0000	0.0001	0.0159	0.0255	10.1908	0.0433			0.1051
6	2	20.5	1.0150	0.0000	0.0001	0.0149	0.0239	10.8170	0.0316			0.1051
7	5	20.5	1.0136	0.0000	0.0001	0.0135	0.0217	11.6936	0.0207			0.1051
8	15	20.5	1.0120	0.0000	0.0001	0.0119	0.0191	12.6954	0.0125			0.1051
9	30	20.5	1.0110	0.0000	0.0001	0.0109	0.0175	13.3215	0.0090			0.1051
10	60	20.5	1.0100	0.0000	0.0001	0.0099	0.0159	13.9476	0.0065			0.1051
11	120	21	1.0088	0.0000	0.0002	0.0088	0.0141	14.6990	0.0047			0.1043
12	180	22	1.0084	0.0000	0.0004	0.0086	0.0138	14.9495	0.0039			0.1035
13	1440	20	1.0064	0.0000	0.0000	0.0062	0.0100	16.2017	0.0015			0.1059

图 3－1－40　小于 0.0593mm 的土质量占细粒组质量的百分数

	A	B	C	D	E	F	G	H	I	J	K	L
1	比重	2.65	处理方法	乙种密度计	弯液面校正值	0	干土质量（g）	30	分散剂校正值（C'_D）	0.0002		
2	下沉时间	悬液温度	密度计读数	弯液面校正值	温度校正值	$R'=(R_2-1)+n'_w+m'_T-C'_D$	$R=R'*C's$	土粒沉降距离	粒径	小于该孔径的土质量百分数	小于该孔径的总土质量百分数	粒径计算系数K值
3	分	℃	R_2	n'_w	m'_T		(cm)	(cm)	(mm)	(%)		
4	0.5	20.5	1.0170	0.0000	0.0001	0.0169	0.0271	9.5647	0.0593	90.31		0.1051
5	1	20.5	1.0160	0.0000	0.0001	0.0159	0.0255	10.1908	0.0433	84.97		0.1051
6	2	20.5	1.0150	0.0000	0.0001	0.0149	0.0239	10.8170	0.0316	79.62		0.1051
7	5	20.5	1.0136	0.0000	0.0001	0.0135	0.0217	11.6936	0.0207	72.14		0.1051
8	15	20.5	1.0120	0.0000	0.0001	0.0119	0.0191	12.6954	0.0125	63.59		0.1051
9	30	20.5	1.0110	0.0000	0.0001	0.0109	0.0175	13.3215	0.0090	58.25		0.1051
10	60	20.5	1.0100	0.0000	0.0001	0.0099	0.0159	13.9476	0.0065	52.90		0.1051
11	120	21	1.0088	0.0000	0.0002	0.0088	0.0141	14.6990	0.0047	47.02		0.1043
12	180	22	1.0084	0.0000	0.0004	0.0086	0.0138	14.9495	0.0039	45.96		0.1035
13	1440	20	1.0064	0.0000	0.0000	0.0062	0.0100	16.2017	0.0015	33.13		0.1059

图 3－1－41　所有小于该孔径的土质量占细粒组质量的百分数

【步骤 6】 计算 K 列，小于该孔径的土质量占总土质量的百分数。由筛析法已经计算得到小于 0.075mm 的土质量占总土质量的 51.79%，如图 3-1-22 椭圆圈内所示。在图 3-1-41 中 J 列又计算得到了小于该孔径的土质量在细粒组中的百分含量。所以 K 列等于 J 列乘以 51.79%。

（1）单击 K4 单元格，单击“=”键，然后输入公式 J4＊51.79%，如图 3-1-42 所示。再单击“Enter”键，得小于 0.0593mm 的土质量占总土质量的百分数为 46.77%，如图 3-1-43 所示。

	A	B	C	D	E	F	G	H	I	J	K	L
1	比重	2.65	处理方法	乙种密度计	弯液面校正值	0	干土质量（g）	30	分散剂校正值（C_D）	0.0002		
2	下沉时间	悬液温度	密度计读数	弯液面校正值	温度校正值	$R'=(R_2-1)+n'_w+m'_T-C'_D$	$R=R'*C's$	土粒沉降距离	粒径	小于该孔径的土质量百分数	小于该孔径的总土质量百分数	粒径计算系数K值
3	分	℃	R_2	n'_w	m'_T		（cm）	（cm）	（mm）	（%）		
4	0.5	20.5	1.0170	0.0000	0.0001	0.0169	0.0271	9.5647	0.0593	90.31	=J4*51.79%	0.1051
5	1	20.5	1.0160	0.0000	0.0001	0.0159	0.0255	10.1908	0.0433	84.97		0.1051
6	2	20.5	1.0150	0.0000	0.0001	0.0149	0.0239	10.8170	0.0316	79.62		0.1051
7	5	20.5	1.0136	0.0000	0.0001	0.0135	0.0217	11.6936	0.0207	72.14		0.1051
8	15	20.5	1.0120	0.0000	0.0001	0.0119	0.0191	12.6954	0.0125	63.59		0.1051
9	30	20.5	1.0110	0.0000	0.0001	0.0109	0.0175	13.3215	0.0090	58.25		0.1051
10	60	20.5	1.0100	0.0000	0.0001	0.0099	0.0159	13.9476	0.0065	52.90		0.1051
11	120	21	1.0088	0.0000	0.0002	0.0088	0.0141	14.6990	0.0047	47.02		0.1043
12	180	22	1.0084	0.0000	0.0004	0.0086	0.0138	14.9495	0.0039	45.96		0.1035
13	1440	20	1.0064	0.0000	0.0000	0.0062	0.0100	16.2017	0.0015	33.13		0.1059

图 3-1-42　在 K4 单元格输入公式 J4＊51.79%

	A	B	C	D	E	F	G	H	I	J	K	L
1	比重	2.65	处理方法	乙种密度计	弯液面校正值	0	干土质量（g）	30	分散剂校正值（C_D）	0.0002		
2	下沉时间	悬液温度	密度计读数	弯液面校正值	温度校正值	$R'=(R_2-1)+n'_w+m'_T-C'_D$	$R=R'*C's$	土粒沉降距离	粒径	小于该孔径的土质量百分数	小于该孔径的总土质量百分数	粒径计算系数K值
3	分	℃	R_2	n'_w	m'_T		（cm）	（cm）	（mm）	（%）		
4	0.5	20.5	1.0170	0.0000	0.0001	0.0169	0.0271	9.5647	0.0593	90.31	46.77	0.1051
5	1	20.5	1.0160	0.0000	0.0001	0.0159	0.0255	10.1908	0.0433	84.97		0.1051
6	2	20.5	1.0150	0.0000	0.0001	0.0149	0.0239	10.8170	0.0316	79.62		0.1051
7	5	20.5	1.0136	0.0000	0.0001	0.0135	0.0217	11.6936	0.0207	72.14		0.1051
8	15	20.5	1.0120	0.0000	0.0001	0.0119	0.0191	12.6954	0.0125	63.59		0.1051
9	30	20.5	1.0110	0.0000	0.0001	0.0109	0.0175	13.3215	0.0090	58.25		0.1051
10	60	20.5	1.0100	0.0000	0.0001	0.0099	0.0159	13.9476	0.0065	52.90		0.1051
11	120	21	1.0088	0.0000	0.0002	0.0088	0.0141	14.6990	0.0047	47.02		0.1043
12	180	22	1.0084	0.0000	0.0004	0.0086	0.0138	14.9495	0.0039	45.96		0.1035
13	1440	20	1.0064	0.0000	0.0000	0.0062	0.0100	16.2017	0.0015	33.13		0.1059

图 3-1-43　小于 0.0593mm 的土质量占总土质量的百分数为 46.77%

（2）竖直拖动 K4 单元格右下角，得所有小于该孔径的土质量占总土质量的百分数，如图 3-1-44 所示。

3. 绘图

【步骤 1】 在原 EXCEL 表中新打开一个 sheet，重命名为“绘图”，如图 3-1-45、图 3-1-46 所示。

【步骤 2】 将筛析试验的计算结果复制到“绘图”sheet。选中“颗粒分析数据处理”sheet 中，大于 0.075mm 的孔径及小于该孔径的土质量百分数，如图 3-1-47 所示，按下快捷键“Ctrl+C”。打开“绘图”sheet，单击 A1 单元格，按下快捷键“Ctrl+V”，在“(Ctrl)”下拉菜单中选择“123”，如图 3-1-48 所示，将大于等于 0.075mm 的孔径及小于该孔径的土质量百分数复制到“绘图”sheet 中，如图 3-1-49 所示。

比重	2.65	处理方法	乙种密度计	弯液面校正值	0	干土质量（g）	30	分散剂校正值（C'_D）	0.0002		
下沉时间	悬液温度	密度计读数	弯液面校正值	温度校正值	$R'=(R_2-1)+n'_w+m'_T-C'_D$	$R=R'*C's$	土粒沉降距离	粒径	小于该孔径的土质量百分数	小于该孔径的总土质量百分数	粒径计算系数K值
分	℃	R_2	n'_w	m'_T		（cm）	（cm）	（mm）	(%)		
0.5	20.5	1.0170	0.0000	0.0001	0.0169	0.0271	9.5647	0.0593	90.31	46.77	0.1051
1	20.5	1.0160	0.0000	0.0001	0.0159	0.0255	10.1908	0.0433	84.97	44.00	0.1051
2	20.5	1.0150	0.0000	0.0001	0.0149	0.0239	10.8170	0.0316	79.62	41.24	0.1051
5	20.5	1.0136	0.0000	0.0001	0.0135	0.0217	11.6936	0.0207	72.14	37.36	0.1051
15	20.5	1.0120	0.0000	0.0001	0.0119	0.0191	12.6954	0.0125	63.59	32.93	0.1051
30	20.5	1.0110	0.0000	0.0001	0.0109	0.0175	13.3215	0.0090	58.25	30.17	0.1051
60	20.5	1.0100	0.0000	0.0001	0.0099	0.0159	13.9476	0.0065	52.90	27.40	0.1051
120	21	1.0088	0.0000	0.0002	0.0088	0.0141	14.6990	0.0047	47.02	24.35	0.1043
180	22	1.0084	0.0000	0.0004	0.0086	0.0138	14.9495	0.0039	45.96	23.80	0.1035
1440	20	1.0064	0.0000	0.0000	0.0062	0.0100	16.2017	0.0015	33.13	17.16	0.1059

图 3-1-44　所有小于该孔径的土质量占总土质量的百分数

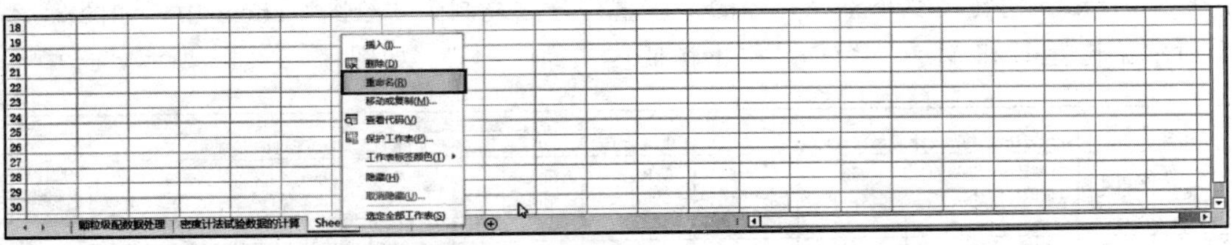

图 3-1-45　打开 sheet3，重命名为“绘图”

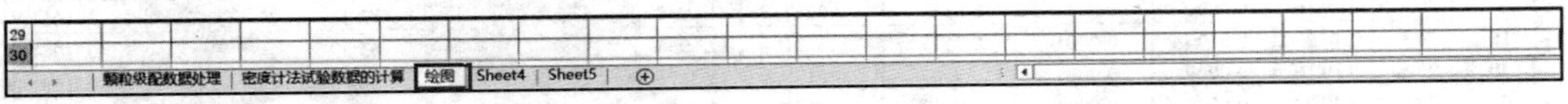

图 3-1-46　重命名后的界面

筛前干土质量（g）	3484.20											
	筛析法颗粒分析试验数据处理											
孔径(mm)	60	40	20	10	5	2	1.0	0.5	0.25	0.1	0.075	底盘
留筛土质量（g）	0	101.64	6.72	59.50	59.67	58.36	47.08	100.19	200.47	322.01	719.02	1799.32
留筛土质量调整值（g）	0.00	0.30	0.02	0.17	0.18	0.17	0.14	0.29	0.59	0.94	2.11	5.28
留筛土占总土百分数（%）	0.00	2.93	0.19	1.71	1.72	1.68	1.36	2.88	5.77	9.27	20.70	51.79
小于该孔径的土质量百分数(%)	100.00	97.07	96.88	95.17	93.45	91.77	90.42	87.53	81.76	72.49	51.79	0.00

图 3-1-47　大于 0.075mm 的孔径及小于该孔径的土质量百分数

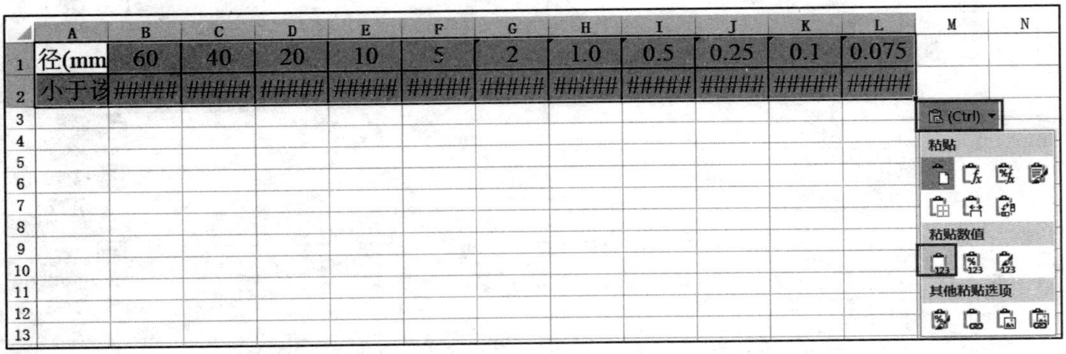

图 3-1-48　将大于等于 0.075mm 的孔径及小于该孔径的土质量百分数复制到“绘图”sheet 中

	A	B	C	D	E	F	G	H	I	J	K	L
1	孔径(mm)	60	40	20	10	5	2	1.0	0.5	0.25	0.1	0.075
2	小于该孔径的土质量百分数(%)	100.00	97.07	96.88	95.17	93.45	91.77	90.42	87.53	81.76	72.49	51.79

图 3-1-49 复制后的界面

【步骤 3】 将密度计法试验的计算结果，复制到“绘图”sheet。选中密度计法试验中的粒径及小于该孔径的总土质量百分数，选择粒径及小于该孔径的土质量百分数，如图 3-1-50 所示，按下快捷键“Ctrl+C”。打开“绘图”sheet，选择 M1 和 N1 单元格，按下快捷键“Ctrl+V”，在“(Ctrl)”下拉菜单中选择“123”按钮，如图 3-1-51 所示，将小于 0.075mm 的孔径及小于该孔径的土质量百分数复制到“绘图”sheet 中，如图 3-1-52 所示。选择 L 和 M 列中数据，按下快捷键“Ctrl+C”，如图 3-1-53 所示，选中 O1

	A	B	C	D	E	F	G	H	I	J	K	L
1	比重	2.65	处理方法	乙种密度计	弯液面校正值	0	干土质量（g）	30	分散剂校正值（C'$_D$）	0.0002		
2	下沉时间	悬液温度	密度计读数	弯液面校正值	温度校正值	$R'=(R_2-1)+n'_w+m'_T-C'_D$	R=R'* C's	土粒沉降距离	粒径	小于该孔径的土质量百分数	小于该孔径的总土质量百分数	粒径计算系数K值
3	分	℃	R_2	n'_w	m'_T		（cm）	（cm）	（mm）	（%）		
4	0.5	20.5	1.0170	0.0000	0.0001	0.0169	0.0271	9.5647	0.0593	90.31	46.77	0. 1051
5	1	20.5	1.0160	0.0000	0.0001	0.0159	0.0255	10.1908	0.0433	84.97	44.00	0. 1051
6	2	20.5	1.0150	0.0000	0.0001	0.0149	0.0239	10.8170	0.0316	79.62	41.24	0. 1051
7	5	20.5	1.0136	0.0000	0.0001	0.0135	0.0217	11.6936	0.0207	72.14	37.36	0. 1051
8	15	20.5	1.0120	0.0000	0.0001	0.0119	0.0191	12.6954	0.0125	63.59	32.93	0. 1051
9	30	20.5	1.0110	0.0000	0.0001	0.0109	0.0175	13.3215	0.0090	58.25	30.17	0. 1051
10	60	20.5	1.0100	0.0000	0.0001	0.0099	0.0159	13.9476	0.0065	52.90	27.40	0. 1051
11	120	21	1.0088	0.0000	0.0002	0.0088	0.0141	14.6990	0.0047	47.02	24.35	0. 1043
12	180	22	1.0084	0.0000	0.0004	0.0086	0.0138	14.9495	0.0039	45.96	23.80	0. 1035
13	1440	20	1.0064	0.0000	0.0000	0.0062	0.0100	16.2017	0.0015	33.13	17.16	0. 1059

图 3-1-50 选择粒径及小于该孔径的土质量百分数

	A	B	C	D	E	F	G	H	I	J	K	L	M	N	O	P
1	孔径(mm)	60	40	20	10	5	2	1.0	0.5	0.25	0.1	0.075	0.0593	46.77		
2	小于该孔径的土质量百分数(%)	100.00	97.07	96.88	95.17	93.45	91.77	90.42	87.53	81.76	72.49	51.79	0.0433	44.00		
3													0.0316	41.24		
4													0.0207	37.36		
5													0.0125	32.93		
6													0.0090	30.17		
7													0.0065	27.40		
8													0.0047	24.35		
9													0.0039	23.80		
10													0.0015	17.16		

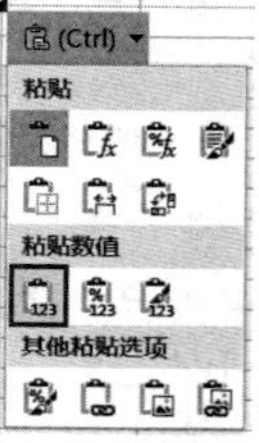

图 3-1-51 将小于 0.075mm 的孔径及小于该孔径的土质量百分数复制到“绘图”sheet 中

和 O2 单元格，按下快捷键“Ctrl＋V”，在“(Ctrl)▾”下拉菜单中选择“ ”按钮，如图 3－1－54 所示，再删除 M 列和 N 列，将密度计法试验的计算结果，复制到“绘图”sheet 中，如图 3－1－55 所示。

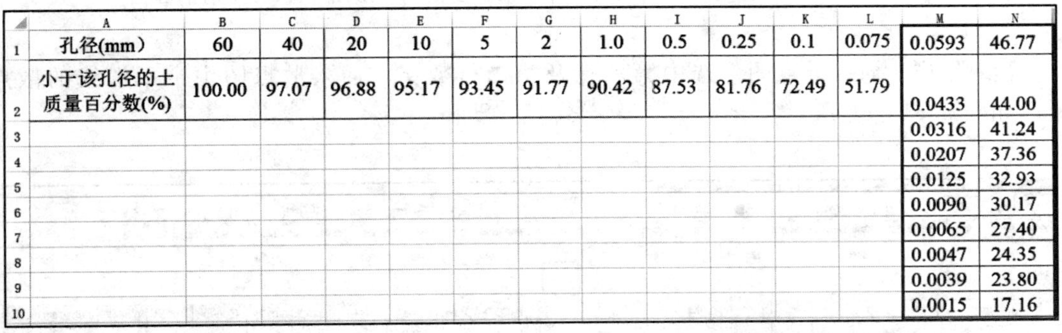

	A	B	C	D	E	F	G	H	I	J	K	L	M	N
1	孔径(mm)	60	40	20	10	5	2	1.0	0.5	0.25	0.1	0.075	0.0593	46.77
2	小于该孔径的土质量百分数(%)	100.00	97.07	96.88	95.17	93.45	91.77	90.42	87.53	81.76	72.49	51.79	0.0433	44.00
3													0.0316	41.24
4													0.0207	37.36
5													0.0125	32.93
6													0.0090	30.17
7													0.0065	27.40
8													0.0047	24.35
9													0.0039	23.80
10													0.0015	17.16

图 3－1－52　粘贴之后的界面

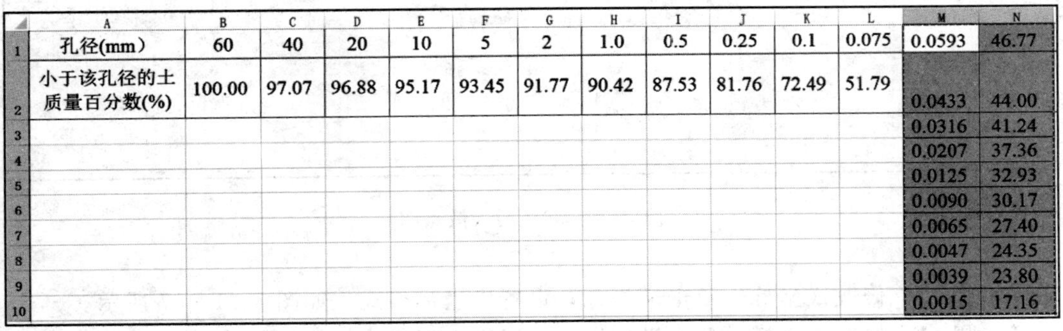

	A	B	C	D	E	F	G	H	I	J	K	L	M	N
1	孔径(mm)	60	40	20	10	5	2	1.0	0.5	0.25	0.1	0.075	0.0593	46.77
2	小于该孔径的土质量百分数(%)	100.00	97.07	96.88	95.17	93.45	91.77	90.42	87.53	81.76	72.49	51.79	0.0433	44.00
3													0.0316	41.24
4													0.0207	37.36
5													0.0125	32.93
6													0.0090	30.17
7													0.0065	27.40
8													0.0047	24.35
9													0.0039	23.80
10													0.0015	17.16

图 3－1－53　选择 M 和 N 列中数据

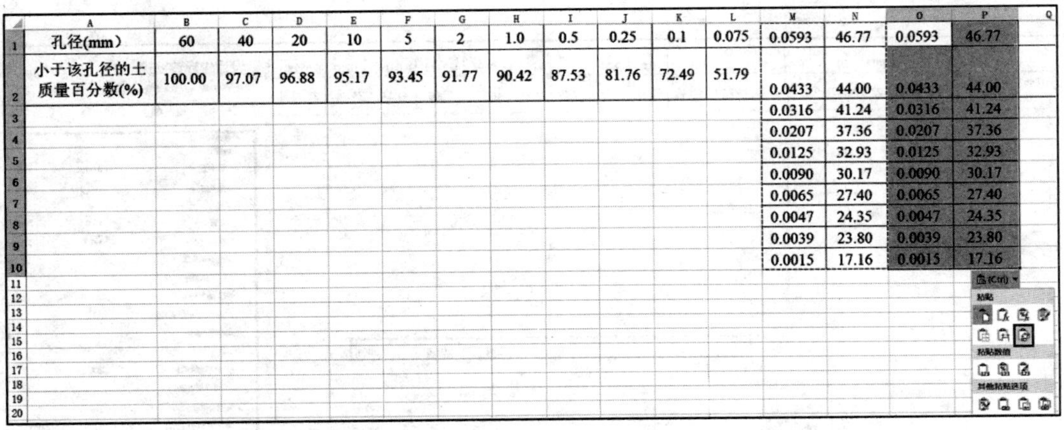

	A	B	C	D	E	F	G	H	I	J	K	L	M	N	O	P	Q
1	孔径(mm)	60	40	20	10	5	2	1.0	0.5	0.25	0.1	0.075	0.0593	46.77	0.0593	46.77	
2	小于该孔径的土质量百分数(%)	100.00	97.07	96.88	95.17	93.45	91.77	90.42	87.53	81.76	72.49	51.79	0.0433	44.00	0.0433	44.00	
3													0.0316	41.24	0.0316	41.24	
4													0.0207	37.36	0.0207	37.36	
5													0.0125	32.93	0.0125	32.93	
6													0.0090	30.17	0.0090	30.17	
7													0.0065	27.40	0.0065	27.40	
8													0.0047	24.35	0.0047	24.35	
9													0.0039	23.80	0.0039	23.80	
10													0.0015	17.16	0.0015	17.16	
11																	
12																	
13																	
14																	
15																	
16																	
17																	
18																	
19																	
20																	

图 3－1－54　将 M 和 N 列中数据转置粘贴到第一行和第二行

孔径(mm)	60	40	20	10	5	2	1.0	0.5	0.25	0.1	0.075	0.0593	0.0433	0.0316	0.0207	0.0125	0.0090	0.0065	0.0047	0.0039	0.0015
小于该孔径的土质量百分数(%)	100.00	97.07	96.88	95.17	93.45	91.77	90.42	87.53	81.76	72.49	51.79	46.77	44.00	41.24	37.36	32.93	30.17	27.40	24.35	23.80	17.16

图 3－1－55　将密度计法试验的计算结果，复制到“绘图”sheet 中后的界面

【步骤 4】 插入散点图。选中第一行及第二行数字，插入散点图中带平滑线的散点图，如图 3－1－56 所示。

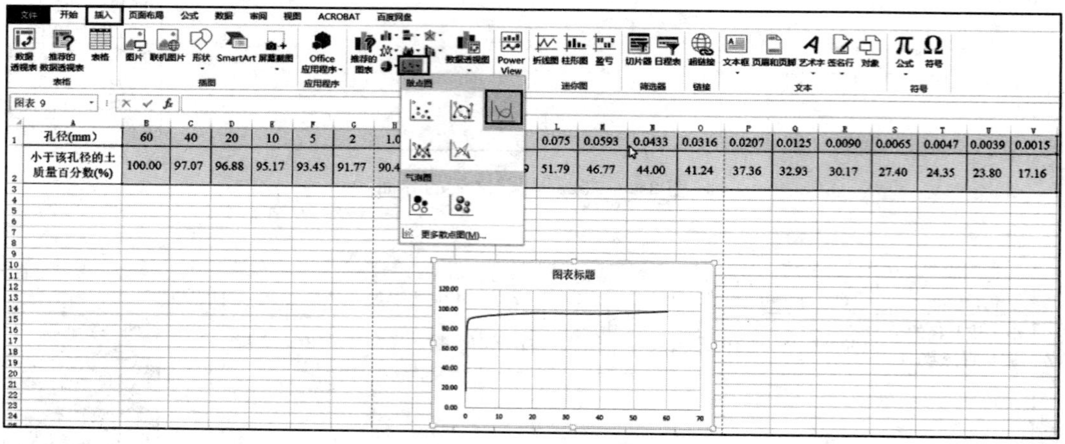

图 3－1－56　插入散点图

【步骤 5】 修改横坐标。双击横坐标，设置横坐标格式，如图 3－1－57 所示。

【步骤 6】 修改纵坐标。单击纵坐标，设置纵坐标格式，如图 3－1－58 所示。

【步骤 7】 增加坐标轴标题和网格线。单击“＋”号，勾选坐标轴标题和网格线，如图 3－1－59 所示。

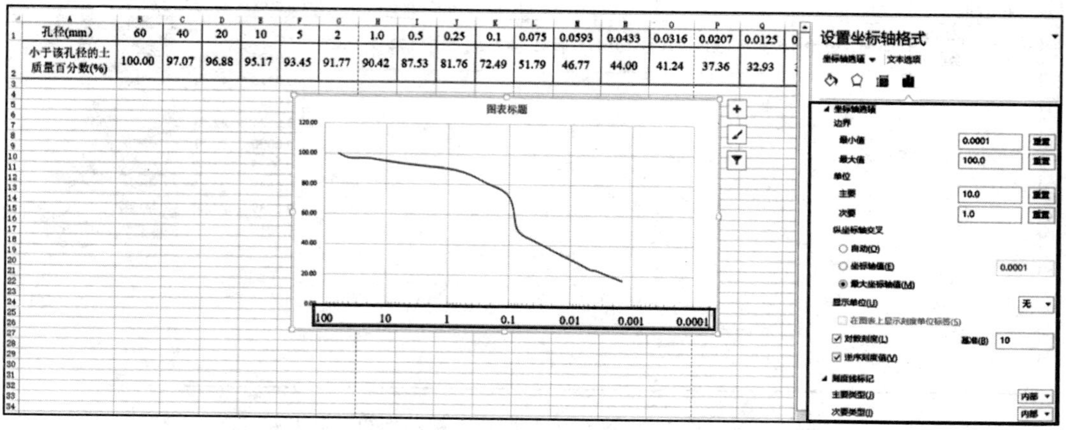

图 3－1－57　设置横坐标格式

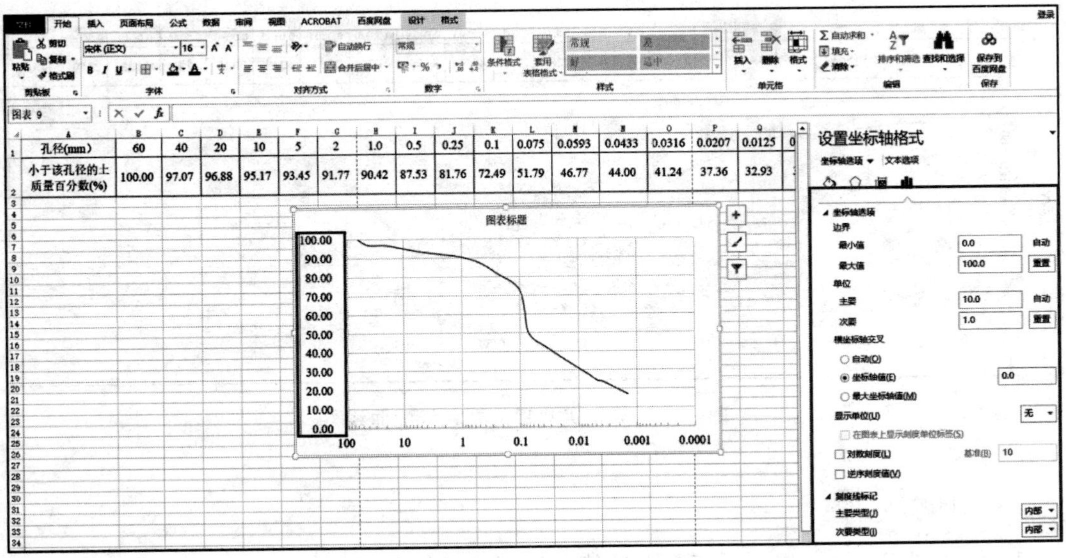

图 3-1-58　设置纵坐标格式

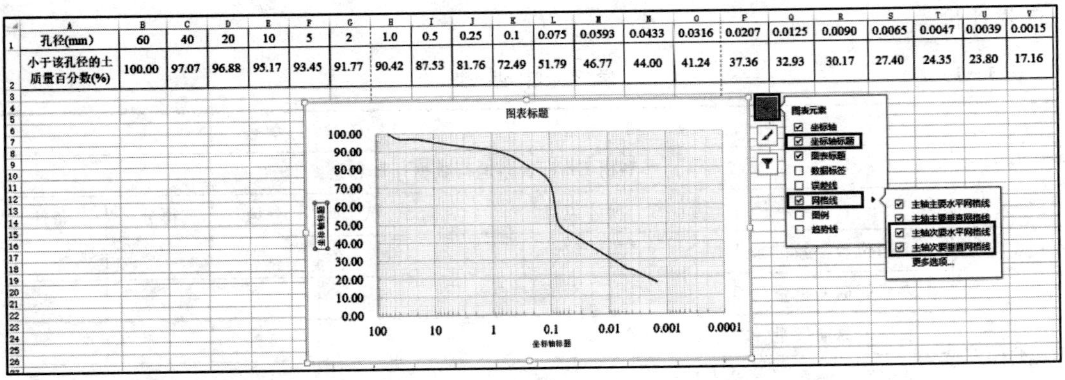

图 3-1-59　增加并编辑坐标轴标题和网格线

【步骤 8】 美化图形。拖动图形角点编辑图形大小，编辑坐标轴、曲线颜色、粗细等，完成颗粒级配图形绘制，如图 3-1-60 所示。

【步骤 9】 寻找 d_{10}、d_{30}、d_{60}。由图上可知 $d_{30}=0.009\text{mm}$，$d_{60}=0.08\text{mm}$，$d_{10}=0.0007\text{mm}$，计算得

$$C_u=\frac{d_{60}}{d_{10}}=\frac{0.08}{0.0007}=114>5$$

$$C_C=\frac{d_{30}^2}{d_{60}\times d_{10}}=\frac{0.009^2}{0.08\times 0.0007}=1.44\in(1\sim 3)$$

所以，该土样颗粒级配良好。

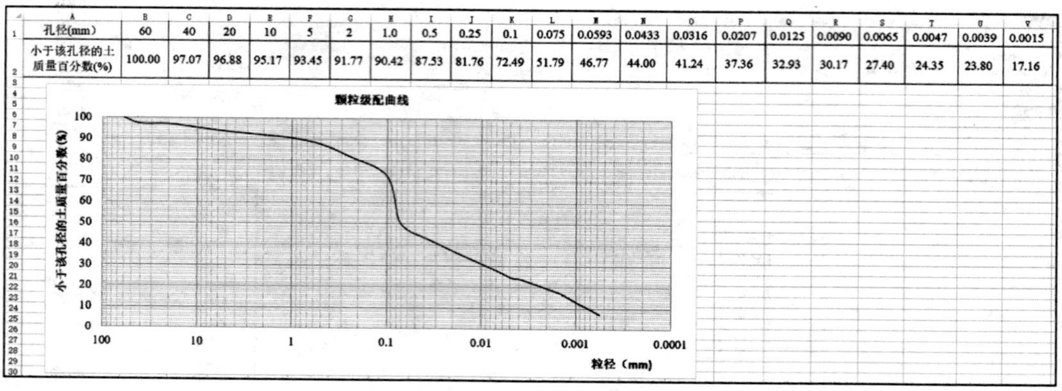

孔径(mm)	60	40	20	10	5	2	1.0	0.5	0.25	0.1	0.075	0.0593	0.0433	0.0316	0.0207	0.0125	0.0090	0.0065	0.0047	0.0039	0.0015
小于该孔径的土质量百分数(%)	100.00	97.07	96.88	95.17	93.45	91.77	90.42	87.53	81.76	72.49	51.79	46.77	44.00	41.24	37.36	32.93	30.17	27.40	24.35	23.80	17.16

图 3-1-60　美化后的颗粒级配曲线

八、评价反馈

1. 你在利用 Excel 表格进行数据计算和绘图的时候遇到哪些问题？

2. 你认为利用 Excel 表格进行数据计算和绘图的难点是什么？

3. 你是否掌握了利用 Excel 表格进行数据计算和绘图的技能呢？请根据表 3-1-2 进行自我评价。

表 3-1-2　　**学 生 自 评 表**

班　级		姓　名		学号	
学习任务	利用 Excel 表格进行数据计算和绘图				
打分类别	考　核　要　点	分值	得分	备注	
常规计分项目	不同位数小数的录入	15			
	表格的横向批量计算	15			
	表格的纵向批量计算	15			
	数据的复制	10			
	插入散点图	15			
	横纵坐标格式的编辑	15			
	图形的美化	15			
附加分	新试验数据录入后的自动计算	20			
	利用 Excel 表格进行数据计算和绘图的创新做法	20			
总　计					

九、相关知识点

在利用 Excel 表格进行数据计算和绘图时要注意数字的分类、小数点的位数等细节问题，特别是绘图时，如果数字设置成了文本格式将不能正确绘图。

第一次用Excel表格进行数据处理比较繁琐，但是效率和准确性还是高于人工。同一种试验，第一次试验用Excel表格处理后，可以将以后的试验数据直接带入已有表格，将需要修改的公式简单修改后，Excel往往能够自动计算，大大提高试验数据处理的效率。

任务二　分析试验成果

一、工作任务

土工试验是水利水电工程地质勘察和施工质量评定中的一项重要工作。基于科学、合理的环境、地理、地势分析，得到精准、可靠的土工试验成果是降低岩土工程质量问题的积极手段，为工程项目后续的设计、施工环节奠定基础。土工试验的具体流程为：接收样品，在客户填写土工试验送样单及委托书后，试验室人员依据任务单开展试验工作，如图3-2-1所示，最终对土工试验数据进行分析和处理后，生成土工试验成果表。土的各个指标之间是相互关联的，因此，各项目试验成果出来之后，应将同一个样各项试验成果放一起，进行对比分析，同时也要将不同土样得出来的同项试验成果，进行对比分析，从而对各项指标的准确性进行判别。

任务3-2-1：根据表3-2-1综合分析该土样试验成果的准确性。

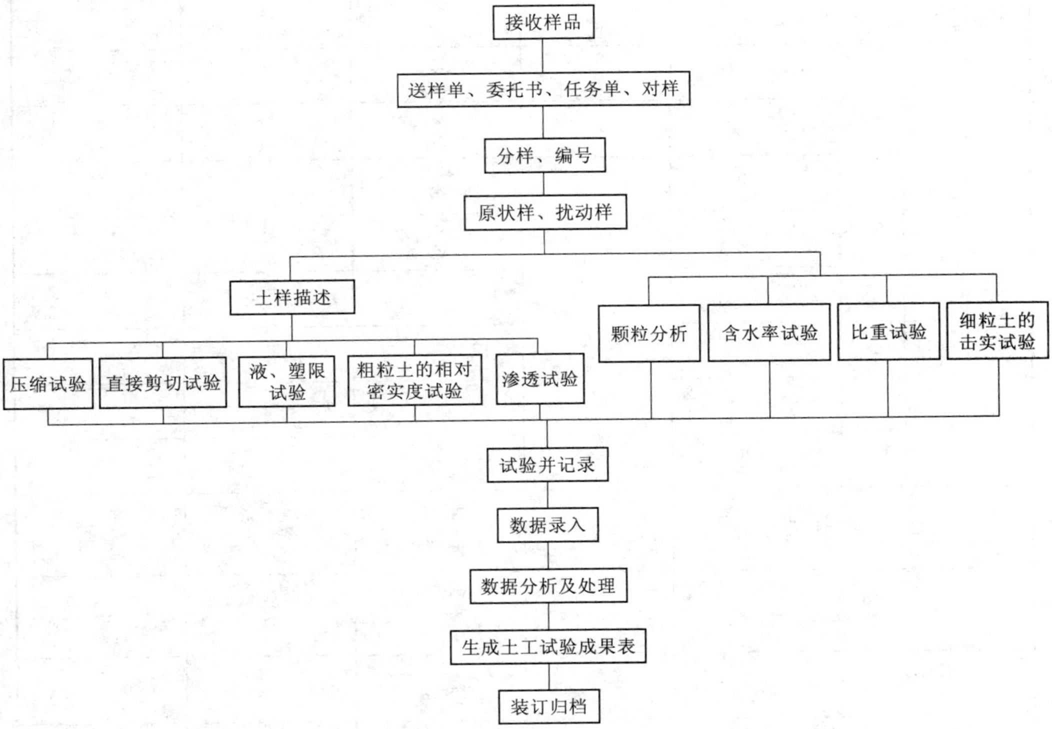

图3-2-1　土工试验具体流程

表 3-2-1

某原状土样土工试验成果表

野外编号	土样深度	室内定名（三角坐标）	室内定名（GB/T 50123—2019）	颗粒组成						天然状态基本物理指标							土粒比重 G_s	液塑限试验			压缩试验		直剪试验			
				砂粒			粉粒		黏粒	含水率 ω	湿密度 ρ	干密度 ρ_d	孔隙比 e	孔隙率 n	饱和度 S_r	液性指数 I_L		17mm			压缩系数 a_{v1-2}	压缩模量 E_{s1-2}	自然快剪		饱和快剪	
				颗粒大小/mm														液限 w_{L17}	塑限 w_p	塑性指数 I_p			凝聚力 C_q	摩擦角 φ_q	凝聚力 C_q	摩擦角 φ_q
				2～0.5	0.5～0.25	0.25～0.075	0.075～0.05	0.05～0.005	<0.005																	
单位	m			%						%	g/cm³	g/cm³		%	%			%	%		MPa⁻¹	MPa	kPa	(°)	kPa	(°)
1	0.7～0.9	重粉质砂壤土	低液限黏土			2.3	54.3	34.0	9.4	3.8	1.45	1.40	0.933	48.3	11	−1.11	2.70	27.0	16.0	11.0	0.105	18.41	29.83	28.3	21.81	20.0
2	0.7～0.9	黏土	高液限黏土				3.7	43.3	53.0	15.7	1.73	1.50	0.826	45.2	52	−0.35	2.73	49.8	24.6	25.2	0.194	9.41	93.31	11.1	38.42	4.2
3	1.7～1.9	粉质土	低液限黏土				5.7	58.5	35.8	16.4	2.04	1.75	0.552	35.6	81	−0.17	2.72	37.4	19.5	17.9	0.146	10.63	52.89	17.3	44.78	10.8

二、工作目标

综合分析表 3-2-1 中试验成果的合理性。

三、任务分组

建议任务分工见表 3-2-2，也可按试验分工。

表 3-2-2　　**任务分组表**

班　级		组　号	
姓　名		学　号	
组长姓名		指导老师	
任务分工	开土记录与成果对比	数据处理核对	结论核对
负责人 1			
负责人 2			

四、引导问题

1. 试验成果中土样的室内定名与开土记录是否一致？
2. 试验成果中土样的颗粒级配情况与开土记录有无明显矛盾？
3. 试验成果中土的基本物理指标与开土记录是否一致？
4. 试验成果中土样的液性指数与开土记录中土的物理状态有无明显矛盾？
5. 试验成果中土粒比重与土的定名有无明显矛盾？
6. 试验成果中土样的塑性指数与颗粒级配有无明显矛盾？
7. 试验成果中土样的室内定名与颗粒级配有无明显矛盾？
8. 试验成果中压缩试验成果是否合理？
9. 试验成果中直接剪切试验成果是否合理？

五、工作计划

（一）课前

（1）收集查阅不同种类土的比重等特点。

（2）在活页宝典中记录发现的问题。

（二）课中

（1）逐项分析各项试验成果的合理性。

（2）在活页宝典中记录发现的问题。

（3）填写学生自评表进行自我评价，并向老师反馈试验中发现的问题。

（三）课后

（1）用思维导图归纳总结试验成果分析的步骤和要点。

（2）记录试验成果分析的创新想法。

六、进度决策

收集查阅资料，了解不同种类土的特点（课前：30min）→各项试验数据处理的正确性（30min）→各项试验结论得出过程及依据的正确性（10min）→综合分析所有成果间的逻辑关系，判断成果的合理性和准确性（30min）→总结归纳试验成果分析的技能要点（10min）。

七、工作实施

【步骤1】 检查试验软硬件条件。检查试验人员是否熟练掌握试验的流程、试验的标准、试验仪器的操作规范。检查采样、制样是否规范。检查试验仪器是否检定。检查试验环境温湿度等是否达标。

【步骤2】 检查各项试验数据处理的正确性。检查各个试验原始记录录入Excel表格的正确性、计算及绘图的正确性。

【步骤3】 检查试验结果的合理性。

（1）比重。含水率、密度和比重是土的三个物理性质实测指标，在这三个实测指标中，比重是一个比较稳定的值，它决定于土的矿物成分，一般砂土的比重为2.65～2.69；粉土为2.70～2.71；粉质黏土为2.72～2.73，黏土为2.74～2.76，有机质为2.4～2.5；泥炭为1.5～1.8。本成果表3-2-1中重粉质砂壤土的比重为2.70，黏土的比重为2.73，粉质土的比重为2.72，三个土样的比重均在合理范围之内。

（2）含水率。含水率是三个实测指标中最不稳定的。试验时取样应具有代表性，取土后应及时盖上盒盖和称量质量，称量盒从烘箱中取出后应及时盖上盒盖并放入干燥容器内冷却到室温。所以，分析含水率的合理性和准确性时，要回顾试验过程中取样是否具有代表性，土样是否有散失，称量湿土质量时土中水分是否蒸发，称量干土质量时是否冷却、有无吸潮等。

（3）密度。对于某一个土样来说，它的密度值较稳定且比较容易测准，重点是环刀切土的规范性。判断密度试验结果的合理性时可参考开土记录的经验值。

（4）物理性质换算指标。干密度、孔隙比、孔隙率和饱和度是根据含水率、密度和比重计算得到的，其值的合理性侧面反映了三个实测指标试验结果的合理性，如计算无误时出现了饱和度超过100%等情况，则说明三个实测指标有问题。

（5）颗粒级配、室内定名和液、塑限。首先，表3-2-1中颗粒组成试验结果表明，土样1主要成分为粉粒其次为黏粒，土样2和土样3主要成分也是黏粒和粉粒，这与土样1、2、3的室内定名一致。其次，塑性指数反映了土中的黏粒含量，土的塑性指数高，表示土中的胶体黏粒含量大，同时也表示该土中可能含有蒙脱石或其他高活性的胶体黏粒较多，表3-2-1中三个土样中土样2黏粒含量最多达53.0%，其次是土样3为35.8%，这与三个土样的塑性指数大小也是吻合的。最后，表3-2-1中三个土样的液性指数均为负值，这说明三个土样都属于坚硬状态，这与开土记录的描述也是一致的。以上三个方面都说明表1中土的颗粒级配、室内定名和液塑限试验结果吻合。

（6）液性指数和压缩指标。表3-2-1中土样1液性指数最小，说明最坚硬，土样越坚硬压缩性也越低，这与压缩性指标中土样1的压缩系数最小，压缩模量最大吻合。

（7）颗粒组成、塑性指数、直接剪切试验。一方面，表3-2-1中从颗粒组成看黏粒含量土样2最高土样3次之，塑性指数土样2最大土样3次之，直接剪切试验中自然快剪的黏聚力也是土样2最大土样3次之，三者一致。饱和快剪结果土样3黏聚力大于土样1，这可能是由于饱和对土颗粒有影响造成的。另一方面，一般土体的抗剪强度随着含水率的增加而减少，表1中自然快剪试验得到的抗剪强度指标大于饱和快剪，说明剪切试验结果具有合理性。

【步骤4】 检查试验结论的正确性。检查试验结论的依据的正确性，检查试验数据处理的结果与依据之间的匹配性，如根据不均匀系数和曲率系数判断颗粒级配是否良好，根据黏性土的液性指数判断黏性土的状态，土样室内定名的正确性等。

八、评价反馈

1. 能否通过分析各项成果间的逻辑关系，找到试验成果中明显的错误？
2. 能否初步地分析试验成果？请根据表3-2-3进行自我评价。

表3-2-3　　**学生自评表**

班　级		姓　名		学号	
学习任务	试验成果分析				
打分类别	考核要点		分值	得分	备注
常规计分项目	试验数据处理的正确性		20		
	试验结论依据的正确性		10		
	物理性质实测指标的合理性		15		
	物理性质换算指标的合理性		10		
	开土记录、颗粒级配、室内定名和液塑限间的合理性		15		
	液性指数和压缩指标间的关系		15		
	颗粒组成、塑性指数、直接剪切试验间的关系		15		
附加分	能快速找到试验成果中的错误并初步分析错误的原因		20		
总　计					

九、相关知识点

样品是土工试验开展的对象，样品质量直接影响试验结果的准确性，所以样品制备非常重要。如果工作人员责任意识不强、质量意识不够，不具备专业技术能力，只注重了样品数量，忽视了获取样品的合理性，导致样品不具有代表性，那么检测数据就会不准确。要想有效获取高质量、具有代表性的样品，就需要注意在样品的保存、运输、检测过程中要规范操作，避免对样品的性质造成影响。如在采集、检测的过程中，可能会因取样不规范、样品不标准、运输出现问题等导致样品含水率出现偏差和改变，导致试验检测数据不准确。采集样品时，要先用削土刀将其两个断面修理平整，根据观察和手感，详细分析样品的软硬程度、颜色、塑性状态以及矿物成分，根据经验，对岩土进行物理学估值，并进行质量等级分类，见表 3－2－4。试验前要做好样本物理学性质描述和估值，试验中要保证数据准确、可靠，就得谨慎选择试验方法，认真规范地开展、完成试验。

表 3－2－4　　土样质量等级

级别	扰动程度	试验内容
Ⅰ	不扰动	土类定名、含水率、密度、强度、固结试验
Ⅱ	轻微扰动	土类定名、含水率、密度
Ⅲ	显著扰动	土类定名、含水率
Ⅳ	完全扰动	土类定名

参 考 文 献

[1] GB/T 50123—2019 土工试验方法标准［S］
[2] GB/T 50145—2007 土的工程分类标准［S］
[3] SL 274—2020 碾压式土石坝设计规范［S］
[4] GB 50007—2011 建筑地基基础设计规范［S］
[5] GB 50487—2008 水利水电工程地质勘察规范［S］
[6] GB/T 15406—2007 岩土工程仪器基本参数及通用技术条件［S］
[7] SL 370—2006 土工试验仪器　环刀［S］
[8] 李忠，刘翠. 土工技术［M］. 郑州：黄河水利出版社，2018.
[9] 张伟. 土工试验［M］. 北京：人民交通出版社，2021.
[10] 东南大学. 土力学［M］. 北京：中国建筑工业出版社，2020.
[11] 赵秀岭. 工程地质与土力学实训指导［M］. 郑州：黄河水利出版社，2019.